长江文明之旅 民俗风情篇

科技部推荐优秀科普图书

饮食生活

总顾问 冯天瑜 钮新强
总主编 刘玉堂 王玉德

姚伟钧 著

上海科学技术文献出版社
Shanghai Scientific and Technological Literature Press

长江出版社
CHANGJIANG PRESS

U0344649

长江文明馆献辞
（代序一）

冯天瑜

无边落木萧萧下，
不尽长江滚滚来。
　　　　　　——杜甫《登高》

　　江河提供人类生活及生产不可或缺的淡水，并造就深入陆地的水路交通线，江河流域得以成为人类文明的发祥地、现代文明繁衍畅达的处所。因此，兼收自然地理、经济地理、人文地理旨趣的流域文明研究经久不衰。尼罗河、幼发拉底—底格里斯河、印度河、恒河、莱茵河、多瑙河、伏尔加河、亚马孙河、密西西比河、黄河、珠江等河流文明，竞相引起世人关注，而作为中国"母亲河"之一的长江，更以丰饶的自然秉赋、悠远深邃的文化积淀、广阔无垠的发展前景，理所当然成为江河文明研究的翘楚。历史呼唤、现实诉求，长江文明馆应运而生。她以"长江之歌 文明之旅"为主题，以水孕育人类、人类创造文明、文明融于生态为主线，紧紧围绕"走进长江"、"感知文明"和"最长江"三大核心板块，利用现代多媒体等手段，全方位展现长江流域的旖旎风光、悠久历史和璀璨文明。

　　干流长度居亚洲第一、世界第三的长江，地处亚热带北沿，人类文明发生线——北纬30°线横贯流域。而此纬线通过的几大人类古文明区（印度河流域、两河流域、尼罗河流域等）因副热带高压控制，多是气候干热的沙漠地带，作为文明发展基石的农业仰赖江河灌溉，故有"埃及是尼罗河赠礼"之说。然而，长江得大自然眷顾，亚洲大陆中部崛起的青藏高原和横断山脉阻挡来自太平洋季风的水汽，凝集为巫山云雨，致使这里水热资源丰富，最适宜人类生存发展，是中国乃至世界自然禀赋优越、经济文化潜能巨大的地域。

　　长江流域的优胜处可归结为"水"—"通"—"中"三字。

冯天瑜

一、淡水富集

长江干流、支流纵横，水量充沛，湖泊星罗棋布，湿地广大，是地球上少有的亚热带淡水富集区，其流域蕴蓄着中国35%的淡水资源、48%的可开发水电资源。如果说石油是20世纪列国依靠的战略物资，那么，21世纪随着核能及非矿物能源（水能、风能、太阳能等）的广为开发，石油的重要性呈缓降之势，而淡水作为关乎生命存亡而又不可替代的资源，其地位进一步提升。当下的共识是：水与空气并列，是人类须臾不可缺的"第一资源"。长江的淡水优势，自古已然，于今为烈，仅以南水北调工程为例，即可见长江之水的战略意义。保护水生态、利用水资源、做好水文章，乃长江文明的一个绝大题目。

二、水运通衢

在水陆空三种运输系统中，水运成本最为低廉且载量巨大。而长江的水运交通发达，其干支流通航里程达6.5万千米，占全国内河通航里程的52.5%，是连接中国东中西部的"黄金水道"，其干线航道年货运量已逾十亿吨，超过以水运发达著称的莱茵河和密西西比河，稳居世界第一位。长江中游的武汉古称"九省通衢"，即是依凭横贯东西的长江干流和南来之湖湘、北来之汉水、东来之鄱赣造就的航运网，成为川、黔、陕、豫、鄂、湘、赣、皖、苏等省份的物流中心，当代更雄风振起，营造水陆空几纵几横交通枢纽和现代信息汇集区。

三、文明中心

如果说中国的自然地理中心在黄河上中游，那么经济地理、人口地理中心则在长江流域。以武汉为圆心、1000千米为半径画一圆圈，中国主要大都会及经济文化繁荣区皆在圆周近侧。居中可南北呼应、东西贯通、引领全局，近年遂有"长江经济带"发展战略的应运而兴。长江经济带覆盖中国11个省（市），包括长三角的江浙沪3省（市）、中部4省和西南4省（市）。11省（市）GDP总量超过全国的4成，且发展后劲不

冯天瑜

可限量。

回望古史，黄河流域对中华文明的早期发育居功至伟，而长江流域依凭巨大潜力，自晚周疾起直追，巴蜀文化、荆楚文化、吴越文化与北方之齐鲁文化、三晋文化、秦羌文化并耀千秋。龙凤齐舞、国风—离骚对称、孔孟—老庄竞存，共同构建二元耦合的中华文化。中唐以降，经济文化重心南移，长江迎来领跑千年的辉煌。近代以来，面对"数千年未有之大变局"，长江担当起中国工业文明的先导、改革开放的先锋。未来学家列举"21世纪全球十大超级城市"，依次为：印度班加罗尔、中国武汉、土耳其伊斯坦布尔、中国上海、泰国曼谷、美国丹佛、美国亚特兰大、墨西哥昆坎—图卢姆、西班牙马德里、加拿大温哥华。在可预期的全球十大超级城市中，竟有两个（武汉与上海）位于长江流域，足见长江文明世界地位之崇高、发展前景之远大。

为着了解这一切，我们步入长江文明馆，这里昭示——

一道天造地设的巨流，怎样在东亚大陆绘制兼具壮美柔美的自然风貌；

一群勤勉聪慧的先民，怎样筚路蓝缕，以启山林，开创丰厚优雅的人文历史。

（作者系长江文明馆名誉馆长、武汉大学人文社科资深教授）

一馆览长江 水利写文明
（代序二）

钮新强

　　"你从雪山走来，春潮是你的风采；你向东海奔去，惊涛是你的气概……"一首《长江之歌》响彻华夏，唱出中华儿女赞美长江、依恋长江的深厚情感。

　　深厚的情感根植于对长江的热爱。翻阅长江，她横贯神州6300千米，蕴藏了全国1/3的水资源、3/5的水能资源，流域人口和生产总值均超过全国的40%；她冬寒夏热，四季分明，沿神奇的北纬30°延伸，形成了巨大的动植物基因库，蕴育了发达的农业，鱼儿欢腾粮满仓的盛景处处可现；她有上海、武汉、重庆、成都等国之重镇，现代人类文明聚集地如颗颗明珠撒于长江之滨；她有神奇九寨、长江三峡、神农架等旅游胜地，多少享誉世界的瑰丽美景纳入其中；她令李白、范仲淹、苏轼等无数文人墨客浮想联翩，写下无数赞美的词赋，留下千古诗情。

　　长江两岸中华儿女繁衍生息几千年，勤劳、勇敢、智慧，用双手创造了令世人瞩目的巴蜀文明、楚文明及吴越文明。这些文明如浩浩荡荡的长江之水，生生不息，成为中华文明重要组成部分。

　　人类认识和开发利用长江的历史，就是一部兴利除弊的发展史，也是长江文明得以丰富与传承的重要基石。据史料记载，自汉代到清代的2100年间，长江平均不到十年就有一次洪水大泛滥，历代的兴衰同水的涨落息息相关。治国先必治水，成为先祖留给我们的古训。

　　为抵御岷江洪患，李冰父子筑都江堰，工程与自然的和谐统一，成就了千年不朽，成都平原从此"水旱从人、不知饥馑"，天府之国人人神往。

　　一条京杭大运河，让两岸世世代代的子孙受惠千年。今天，部分河段化身为南水北调东线调水的主要通道，再添新活力，大运河成为连接古今的南北大命脉。

　　新中国成立以后，百废待兴，党和政府把治水作为治国之大计，长江的治理开发迎来崭新的时代。万里长江，险在荆

钮新强

江。1953年完建的荆江分洪工程三次开闸分洪，抗击1954年大洪水，确保了荆江大堤及两岸人民安全。面对'54洪魔带来的巨大创伤，长江水利人开启长江流域综合规划，与时俱进，历经3轮大编绘，使之成为指导长江治理开发的纲领性文件。

"南方水多，北方水少，能不能从南方借点水给北方？"毛泽东半个多世纪前的伟大构想，是一个多么漫长的期盼与等待呀。南水北调的蓝图，在几代长江水利人无悔选择、默默坚守、创新创造中终于梦想成真，清澈甘甜的长江水在"人造天河"里欢悦北去，源源不断地流向广袤、干渴的华北平原，流向首都北京，流向无数北方人的灵魂里。

新中国成立以来，从长江水利人手中，长江流域诞生了新中国第一座大型水利工程——丹江口水利枢纽工程、万里长江第一坝——葛洲坝工程、世界最大的水利枢纽——三峡工程。与此同时，沉睡万年的大小江河也被一条条唤醒，以清江水布垭、隔河岩等为代表的水利工程星罗棋布，嵌珠镶玉。这是多么艰巨而充满挑战、闪烁智慧的治水历程!也只有在这条巨川之上，才能演绎出如此壮阔的治水奇观，孕育出如此辉煌的水利文明，为古老的长江文明注入新的动力!

当前，长江经济带战略、京津冀协同发展战略及一带一路建设正加推提速，长江因其特殊的地理位置与优质的资源禀赋与三大战略（建设）息息相关，长江流域能否健康发展关系着三大战略（建设）的成败。因此，长江承载的不仅是流域内的百姓富强梦，更是中华民族的伟大复兴梦。长江无愧于中华民族母亲河的称号，她的未来价值无限，魅力永恒。

武汉把长江文明馆落户于第十届园博会园区的核心区，塑造成为园博会的文化制高点和园博园的精神内核，这寄托着武汉对长江的无比敬重与无限珍爱。可以想象，长江文明馆开放之时，来自五湖四海的人们定将发出无比的惊叹：一座长江文明馆，半部中国文明史。

（作者系长江文明馆名誉馆长，中国工程院院士、长江勘测规划设计研究院院长）

目 录

长江流域饮食文化概述

从一定意义上来说，地理环境是人类文化创造的自然基础，因此，我们在考察长江流域饮食文化生成机制时，应首先从饮食文化赖以发生、发展的地理环境的剖析入手，进而探讨长江流域的地域文化与饮食文化之间的联系。

在人类文化创造的自然环境中，河流是人类各种文化发源的天然摇篮，世界著名的底格里斯河、幼发拉底河、尼罗河、恒河等，都和一些民族文化的诞生、形成有着密切的关系。长江作为亚洲第一大河流，自西而东、横贯中国腹地10个省、市、自治区，全长6300余千米，流域面积达180万平方千米，自然条件千差万别，因而流域内各地的文化也是千姿百态、气象万千。这些不同地域、不同特色的文化互相交流，互相融合，为光耀中华的长江流域饮食文化奠定了深厚的基础。对长江流域饮食文化进行历史地、具体地考察与研究，从地域饮食文化的特殊性，找出中华饮食文化的同一性，这不仅对深入了解中国地域文化有重要意义，而且对建构与创新未来长江流域的饮食文化也有重要意义。

长江流域的地理环境

中国作为一个幅员辽阔的泱泱大国，自古以来，不但社会经济的发展很不平衡，文化的发展也很不平衡，而经济的发展、文化的形成又都受地理环境所制约。地理环境通过物质生产及技术系统等形式，深刻而长久地影响着人们的生活。

考古与现代农业科学资料表明，原始农业的出现、粮食作物的品种选择与开始种植的时期，在世界不同地区之所以有先后异同之别，乃是与地理环境的特性有关。特别是在古代中国，由于受到各地区之间不同自然条件的强烈影响，加之生产力水平低下，各地区的生产门类、饮食生活就有较大的区别，物质文化面貌各具特色，逐渐形成了不同的饮食文化区域。在我国主要就是以黄河流域的中原地区为中心的旱地农业经济文化区，它以最早培育出优良的小米著称；以长江中下游地区为中心的稻作经济文化区，它以生产世界上最早的稻米闻名。可见，一个地区饮食文化类型的形成，是由该地区的地理环

「稻 田」

境、人民所从事的物质生产、所处的生产方式等多种因素决定的。

根据考古发掘的材料来看，当人类在陆地上开始活动的时候，出于人类自身的本性，都是选择最优良的自然环境作为生存条件的。长江中下游地区气候温暖湿润、雨量充沛、河流密布、土壤肥沃，是发展水稻的理想之地，所以，早在8000多年前，这里就产生了以稻作为特点的原始农业，并逐渐向四周延伸开去，能够使人清楚地认识这一点的是距今10000~4000年的长江流域新石器时代的遗址，即：仙人洞文化遗址、玉蟾岩文化遗址、彭山头文化遗址、河姆渡文化遗址、罗家角文化遗址、马家滨文化遗址、崧泽文化遗址、良渚文化遗址和屈家岭文化遗址等，它们都是以出土了大量稻谷而著称于世的。可见，栽培稻谷在长江流域有着悠久的历史。

按照年代排列，近年在江西省万年县仙人洞遗址和湖南省道县玉蟾岩遗址发现了迄今最早的稻谷。经美国学者进行植硅石分析研究，初步认定仙人洞遗址距今12000年的文化堆积层中发现有野生稻和栽培稻共存。玉蟾岩是一处旧石器时代晚期到新石器时代早期的洞穴遗址，该遗址发现有距今12000年的稻谷实物标本，其中也包含有野生稻和栽培稻。

湖南省澧县彭山头、八十垱新石器时代早期遗址中发现的稻谷距今8000多年。据故宫博物院、北京大学、中国农业大学的考古专家和水稻专家到现场考察后认为，这里出土的水稻时代早，数量品种多，保存状况好。出土的水稻既不像籼稻，也不像粳稻，可能是野生稻向栽培稻过渡中出现的品种。

其次是浙江省余姚县河姆渡村新石器时代遗址第四文化层中的稻谷，距今7000年左右。在一个近500平方米的发掘范围内，普遍发现有稻谷、谷壳、稻杆、稻叶和其他谷类作物的堆积，平均厚度达40~50厘米，最厚处达

「河姆渡出土的骨耜和稻谷」

70~80厘米，以水稻各部分的遗物为主，局部地方几乎全是谷壳。这些稻谷都已炭化，但尚不失原形，颗粒大小接近于现代的稻谷，比野生稻的颗粒大得多。这些稻谷经浙江农业大学鉴定，属于栽培的籼稻。同一层还出土了为数甚多的骨耜，制作较为精致，是当时开辟稻田的工具，这也证实我国在7000多年以前，长江中下游就已经开始一定水平的"耜耕农业"了。除此之外，还发现了稻穗纹陶盆，上面刻有一株稻穗，直立向上，另外两束沉甸甸的谷粒分别垂落两边。稻子进入河姆渡人们艺术生活的领域，可见他们对于稻谷的栽培早已超过初步认识的阶段。

与以稻米为主食的定居饮食生活相依存的家畜饲养业在河姆渡也有一定规模，猪、狗两种家畜遗骨在此普遍发现，尤其是破碎的猪骨和牙齿几乎都有。54%的猪骨标本是一二岁的中小猪，其次是大猪，老猪仅占10%。

「河姆渡文化——猪纹陶钵」

这一比例说明，河姆渡人饲养猪的目的在于宰杀，仅留下较少老猪作繁衍。同时，河姆渡还发现了一件陶塑小猪、两件猪纹陶器，以及一件刻有捆扎整齐的稻穗纹与猪纹的陶盆，反映了稻谷栽培与养猪有一定联系。河姆渡还有较多的水牛骨头，初步认为也是驯养的，说明长江下游先民的饮食生活，主要是依赖初步发展的农畜结合型的原始农业。

与此相印证的是1979年浙江省文管会等单位发掘的浙江省桐乡罗家角遗址，在第三、四层内发现了稻谷遗物，经鉴定，有籼稻和粳稻两种，其中籼稻占多数。罗家角遗址第四层的年代，经碳14和热释光测定，距今已有7000年左右，这表明在七八千年前，我国先民已在长江中下游这块河流纵横、气候温暖湿润的环境中开始种植水稻，并有了一定的规模。从以上几处遗址出土的稻谷数量之多可以推断，我国种植水稻的历史还可以上溯得更久远一些。

年代稍后的长江中下游新石器时代文化遗址，以湖北省京山县屈家岭最为著名，这一文化遗址距今已有5000多年，是我国原始社会晚期较发达的新石器时代文化。在屈家岭出土了大量的新石器时代的石制农业生产工具和日常饮食生活所需要的陶器，这表明当时已进入锄耕农业阶段，粮食种植正成为人们所需食物的可靠来源。当时人类食用的水稻，在遗址中常有发现，特别是当时人类食用后的稻谷壳，广泛施用在房屋建筑之中。那些形态完好的稻谷籽粒，经专家鉴定属粳稻品种，且是一种较大颗粒的粳稻品种，与当今栽培的品种相仿，证明我们现在食用的粳稻品种，至少已有 5000 多年的发展历史。

流域实际上是一个特殊的区域，它有着独特的文化现象。流域文化不仅与文化地理学一样，以广义的文化领域作为研究对象，即探讨文化区域的地理特征、环境与文化、文化传播的路线和走向，以及人类的生活形态，如饮食行为之类。同时，流域文化与地域文化一样，也是以"历史地理学"为中心展开的文化探讨，其"地域"概念通常是古代沿袭或俗成的历史区域，它在产生之初通常是十分明确的，但由于历史的发展，逐渐消融了它们的地理界限，加之景物易貌、民众迁移，只剩下大致的所在范围了。如"巴蜀""荆楚""吴越"，其疆域的划分都是比较模糊的。

岁月的流逝虽然改变了古代长江流域区域划分的精确性，但这种模糊的"地域"观念已经转化为对文化界分的标志，深深地积淀在人们的头脑之中，并且产生着深远而广泛的影响。至今，人们仍以这种模糊的"地域"概念来划分长江流域各地饮食文化的风味类型。

虽然长江流域的饮食文化因流域地理环境的不同而呈现出丰富的多元状态，但大体而言，长江流域可分为三个主要饮食文化区域，即长江上游的巴蜀饮食文化区，长江中游的荆楚饮食文化区，长江下游的吴越饮食文化区。

以巴蜀为代表的长江上游饮食文化区

长江上游是指长江源头至湖北宜昌这一江段。它涉及西藏、青海、云南、贵州等地。长江的源头位于青藏高原腹地，这里地势高亢、空气稀

「糌粑和酥油茶」

薄、气候恶劣、交通险阻、人迹罕至。长江的正源沱沱河，南源当曲，北源楚玛尔河都发源于此。这三大源流汇合在一起以后，人们称之为通天河。通天河流经青海省玉树地区，这里日照充足，空气清新，河畔有绿茵茵的开阔草滩，是长江流域的重要畜牧区。因此，这里人们的饮食品种主要是牛羊肉、糌粑和酥油茶，具有独特的民族风味。

通天河转向南流，进入西藏和四川交界处的深山峡谷之间，称为金沙江。金沙江穿过云贵高原北侧，流到四川省宜宾市，进入四川盆地。当它和北面流来的岷江在宜宾汇合之后，才称为长江。长江从源头到此地，已经奔流了近 3500 千米。由于这些地段地理环境恶劣、人口不多，在历史上，民众的饮食仅能维持生存，难以形成文化特色。

宜宾以下，俗称长江的江段有 2800 多千米，人口稠密。长江流域饮食文化中脍炙人口的万千风味，如川菜、湘菜、鄂菜、徽菜、苏菜、沪菜等，都是在长江的滋育下发展起来，并在这里展示开来的。

巴蜀饮食文化的形成，主要有以下几点因素：

第一，地理环境优越。长江从云、贵、川结合部的四川宜宾到湖北宜昌，俗称川江。这一流域处于青藏高原至长江中下游平原的过渡地带，也是西部牧业民族和东部农业民族交往融合的地方。它所流经的四川盆地，是我国很富庶的地区之一。盆地四周被海拔 1000~3000 米的高山和高原所环绕。盆地内平均海拔 500 米左右，除成都平原外，地形以丘陵低山为主。虽然盆地四周东有巫山，南有大娄山、大凉山，但这些山原不高，不能挡住从太平洋、印度洋来的暖湿气流进入盆地。再加上暖湿气流受阻于西南屋脊青藏高原而长期滞留，便改善了这一地区的水热条件。盆地北面是高耸的米仓山、大巴山。大巴山和其北的秦岭，海拔均在 2000 米以上，在冬季能阻挡由北方来的冷空气，即使侵入盆地，也由于越过高山，减少了寒冷的程度，使

「天府之国，良田沃野」

盆地冬暖春早，成为我国冬季著名的暖中心。这里霜期在 2 个月左右，霜日一般不超过 25 天，全年无霜期一般在 250~300 天，最冷的一月份，平均温度也在 5℃以上。由于北方冷空气侵入较少的关系，春季升温快，春来早，较长江中下游要提前数十天。到了四月，盆地中南部平均气温即超过 18℃，这种气温有利于各种农作物及蔬菜瓜果的滋生繁茂。正如川籍诗人苏轼《春菜》诗云："蔓菁宿根已生叶，韭芽戴土拳如蕨。烂蒸香荠白鱼肥，碎点青蒿凉饼滑。宿酒初消春睡起，细履幽畦掇芳辣。茵陈甘菊不负渠，绘缕堆盘纤手抹。北方苦寒今未已，雪底波棱如铁甲。岂如吾蜀富冬蔬，霜叶露芽寒更苗。久抛菘葛犹细事，苦笋江豚那忍说。明年投劾径须归，莫待齿摇并发脱。"

　　四川盆地全年降雨量 1000 毫米以上，而水分蒸发量在 600 毫米左右，蒸发量小于降水量，故境内径流丰富。另外，从总体上来看，古代巴蜀区域地形复杂，不可能有大面积的水旱灾害，山上旱，山下补。这种环境的多样性与多变性也促使巴蜀人民养成勤作巧思，善于因地制宜的精神风貌。

　　　　四川盆地的这种温暖湿润的亚热带季风性气候，对农业生产的全面发展是十分有利的，这也就为川菜的烹制提供了既广且多的原料。

　　四川盆地内的土壤条件也非常好，特别适宜农耕。肥沃的成都平原，

「花椒枝」

「干辣椒」

常常是一片金黄色的世界，澄黄色的稻子、麦子，深黄色的油菜花、柑橘果等，让人眼花缭乱。四川盆地还盛产茶叶、桐油、竹木、药材，各种蔬菜四季长青，六畜兴旺，渔类众多，所以，《后汉书·公孙述列传》云："蜀地沃野千里，土壤膏腴，果实所生，无谷而饱。"《华阳国志》亦云："蜀沃野千里，号为'陆海'。旱则引水浸润，雨则杜塞水门，故记曰：水旱从人，不知饥馑，时无荒年，天下谓之'天府'也。"

以上所述巴蜀之地的气温、降水量、土壤、资源等，都是古代四川之所以能够成为"天府之国"的优越自然条件，这些无疑也是川菜发展的深厚基础和主要因素。

第二，"尚滋味""好辛香"，这是东晋时蜀人常璩对巴蜀饮食文化的高度概括。长江上游云、贵、川地区多为高山峡谷，日照时间短，空气湿度大，因此自古以来这里的人们就喜好辛香之物，即花椒、姜、薤之类带刺激性的调味品。胡椒、辣椒传入中国后，更受巴蜀人喜爱。

今天四川人以喜吃辣椒闻名，多饮酒，食火锅，这些嗜好的形成与历史上巴蜀地区气候湿热有关。熊四智先生认为："辣椒既合辛香的饮食传统，又有除湿的作用，于是辣椒在四川迅速普及，带来了川菜的巨变。"

长江上游地区是多民族居住的地方，而蜀作为长江上游区域的政治、经济、文化的中心，历来是长江上游各民族人民理想的聚居之地。在广汉三星堆商代遗址出土的神人像、头像、人面像近100件，可以观察到：发式有西南盛行的辫、披发、椎结，又有东南流行的断发，中原常见的笄和冠，以及贯耳纹身这一东南文化区的特征。面部特征既有长脸高鼻，也有扁脸阔鼻，反映这一地区民族系属十分复杂。此后历代中，特别是在明、清，更有所谓"湖广填四川"的大规模移民四川的运动。各地区、各民族的人民在巴蜀共同生活，既把他们的饮食习俗、烹饪技艺带到了巴蜀，也受到当地原有饮食传统的影响，互相交融，互相渗透，取长补短，形成了四川地区特有的菜肴风味。清人李调元曾将其父李化楠悉心收集的名菜名点和烹制方法，整理成《醒园录》，就是巴蜀饮食文化吸收各地饮食文化精华的证明。

「醒园录书影」

　　川菜的形成与发展，还与巴蜀文化善于消化融合各地、各民族文化有关。以汇纳百川的态度不断接受外地移民和外地文化，这是巴蜀文化的一大特点，因此，川籍学者袁庭栋指出："高水平的川酒、川菜、川戏都是外地文化传入四川之后才形成的，而这一事实可能是绝大多数川酒、川菜、川戏爱好者未所料及的。"川菜也是在融合长江流域各地乃至中国饮食风味中发展起来的。如川菜中的名菜狮子头源于扬州狮子头，八宝豆腐源于清宫御膳，蒜泥白肉源于满族白片肉，山城小汤圆源于杭州汤圆，烤米包子源于鄂西土家族，等等。从历史上溯，当今不少川菜的烹饪原料、调料、菜点，都是吸收外地甚至外国之长而来的。原料中的胡瓜、胡麻、胡豆、菠菜、南瓜、莴苣、胡萝卜、茄子、番茄、圆葱、马铃薯、番薯、花生，调料中的胡葱、胡荽、胡椒、大蒜、辣椒，都是从外国引进，由"洋"货改为"土"货。要是没有辣椒作调味品，今天的川菜风味也就不会存在了。

　　巴蜀饮食文化有以下几个基本特色：

　　第一，用料广泛。巴蜀物产丰富，可以入膳者品种繁多，收入汉代

「郫县豆瓣」

「涪陵榨菜」

扬雄《蜀都赋》和东晋常璩《华阳国志》中巴蜀之地的物产有粮、油、蔬、果、畜、笋、菌等类，山区有熊、鹿、獐、虫草、川贝母、天麻、魔芋、冬菇等野味山珍，江河有江团、岩鲤、雅鱼、鲶鱼、鲟鱼、肥沱等鱼中佳品。调味品也丰富多样，如自贡井盐、阆中保宁醋、郫县豆瓣、永川豆豉、德阳酱油、茂汶花椒、涪陵榨菜、内江白糖等。

第二，味型多样，变化多端。川菜的味历来以多、广、厚著称，所以有一菜一格，百菜百味之美誉。川菜味型不但富于变化，而且具有浓郁的地方风味和乡土气息。川菜的味别有咸鲜、咸甜、家常、麻辣、红油、椒盐、鱼香、姜汁、怪味、蒜泥、甜酸、五香、酸辣等数十种，其中辣味就有十多种，如干香辣、酥香辣、油香辣、酸香辣、清香辣、冲香辣、辛香辣、芳香辣、甜香辣、酱香辣等。俗话说"味在四川"，似并不为过。

第三，制作技艺精湛。川菜常用的制作技法有炒、煎、烧、炸、腌、卤、熏、泡、蒸、熘、煨、煮、炖、焖、爆、煸、烩、烘、烤、风等几十种之多，尤其擅长小煎、小炒、干煸、干烧。

　　川菜在长期的历史发展中，已经形成筵席菜、便餐菜、家常菜、三蒸九扣菜、风味小吃五大类菜点、4000多个品种的菜肴风味体系，它是巴蜀文化中最富特色的一朵奇葩。

以荆楚为代表的长江中游饮食文化区

  长江穿越雄伟壮丽的山峡后，由东急折向南，就到了湖北宜昌，进入"极目楚天舒"的中游两湖平原，一直到江西鄱阳湖口，这便是长江中游区域。中游两湖平原即洞庭湖平原和江汉平原，古人常说"两湖熟，天下足"，主要指的就是这两大平原。

  长江流域是一个在自然地理方面有着频繁的文化、物质交换，普遍存在因果关系的区域。在社会经济、文化方面，由于长江的纽带作用，流域内的文化、物质、信息交换比其他区域要频繁得多，这是长江流域不同于其他区域所特有的性质，而长江中游在这方面的优势更为明显。长江中游是古代楚文化的发祥地，它与长江上游的巴蜀文化和长江下游的吴越文化是紧邻却异同互见，互相渗透、吸收，具有高度亲和力的文化圈。

  荆楚文化作为一个大地域文化，其中又含有若干个基本的子文化，如江汉文化、湖湘文化、江淮文化，在这三个文化周边还有一些边缘文化。荆楚文化的地域中心在两湖，所以说，两湖文化是荆楚文化的核心。

  长江流域的荆楚文化和黄河流域的中原文化，一南一北，在人类文明的早期，同时迅速地发展着人类的原始农业。楚文化的出现是长江流域几千年原始文化发展的结晶。在此基础上生长起来的荆楚文化经过楚国时期的发扬光大，它的光辉映照了整个中国。

  楚文化的兴起，有其独特而优越的地理环境。位于长江中游的江汉平原，西有巫山、荆山耸峙，北有秦岭、桐柏、大别诸山屏障，东南围以幕阜山地，恰似一个马蹄型巨大盆地，唯有南面敞开，毗连洞庭平原。在这里，长江

「湖北洪湖鱼米乡」

横贯平原腹部；汉江自秦岭而出，逶迤蜿蜒；源出于三面山地的 1000 多条大小河流，形成众水归一，汇入长江的向心状水系。千万年来，由于巨量泥沙的淤积，形成了肥沃的冲积平原。尤其是在古代，这里"地势饶食，无饥馑之患""荆有云梦，犀兕麋鹿满之，江汉之鱼鳖鼋鼍为天下富"。至今长江中下游各地，仍被誉为鱼米之乡。

优越的地理环境，使楚人可用较粗放的农耕鱼猎方式就能获得美食，比中原人较少生存之忧和劳作之苦，心情性格自然开朗活泼，闲暇时间也相对要多一些。这样，也就有条件来发展、丰富自己的饮食生活。另外，由于楚人主食为稻米，稻米不如麦面可以制出许多花色品种，因此楚人便想法以多样的副食和菜肴品种来改善主食的单调状况。

加之东周以来，楚国生产力获得了突飞猛进的发展，以此为基础，楚人的衣食住行也就在内容与形式两个向度上均得到尽善尽美的发展，特别是在饮食文化方面，达到了一个新的高峰，最能代表当时的烹饪水平。

《楚辞》对楚人的饮食结构及菜肴品种作过具体的记载，《楚辞·招魂》中说：

> 室家遂宗，食多方些。
>
> 稻粢穱麦，挐黄粱些。
>
> 大苦咸酸，辛甘行些。
>
> 肥牛之腱，臑若芳些。
>
> 和酸若苦，陈吴羹些。
>
> 胹鳖炮羔，有柘浆些。
>
> 鹄酸臇凫，煎鸿鸧些。
>
> 露鸡臛蠵，厉而不爽些。
>
> 粔籹蜜饵，有餦餭些。
>
> 瑶浆蜜勺，实羽觞些。
>
> 挫糟冻饮，酎清凉些。
>
> 华酌既陈，有琼浆些。

在《楚辞·大招》中也列有一些美味菜肴，这就是：

> 五谷六仞，设菰粱只。
>
> 鼎臑盈望，和致芳只。

> 内鸧鸽鹄，味豺羹只。
>
> 魂乎归徕，恣所尝只。
>
> 鲜蠵甘鸡，和楚酪只。
>
> 醢豚苦狗，脍苴蓴只。
>
> 吴酸蒿蒌，不沾薄只。
>
> 魂兮归徕，恣所择只。
>
> 炙鸹蒸凫，煔鹑陈只。
>
> 煎鰿臛雀，遽爽存只。
>
> 魂兮归徕，丽以先只。
>
> 四酎并熟，不涩嗌只。
>
> 清馨冻饮，不歠役只。
>
> 吴醴白蘗，和楚沥只。

《楚辞》虽然是一部文学作品，但它表现出的楚国饮食文化却是源于现实生活的。如果要了解这一时期楚国的烹饪技艺和菜肴品种，以上两段文字是不容忽视的，它的篇幅不长，但却相当丰富和完整，可以说是两份既有文学价值，又有南国特色的楚人食谱，显示出楚人精湛的烹饪技艺。这一食谱中诱人的美味，被称为当世的珍肴，《淮南子·齐俗训》中就有"荆吴芬馨，以啖其口"的赞语，反映了楚国已成为春秋列国的美食之乡。

「《楚辞》书影」

在上面这些佳肴里，肉食就达30多种，除常见的六畜外，还有鳖、蠵（大龟）、鲤、鰿（鲫鱼）、凫（野鸭）、豺、鹌鹑、鹄（天鹅）、鸿（大雁）、鸧（黄鹂）、乌鸦等。在烹饪技艺上，楚人讲究用料选择，以楚地所产的新鲜水产、禽鸟、山珍野味为主，制作中又重视刀工和火候，富有变化，如"胹鳖炮羔"中"炮羔"的做法，就与西周"八珍"中的"炮豚"相似。这个菜要采用烤、炸、炖、煨等多种烹饪方法，工序竟达10道之多。

在调味上，楚人更为讲究。"大苦咸酸，辛甘行些。"就是说在烹调过程中把五味都适当地用上，开中国饮食五味调和之先河。《楚辞》在对膳羞的描述中都涉及了五味调和的问题，反映了楚国菜肴味道的丰富多样，堪称中国美味的源泉。

由于楚国夏季气候炎热，人们爱喝冷饮，所以《楚辞·招魂》中说："挫糟冻饮，酎清凉些。""挫糟"就是去除酒滓，"冻饮"就是将冰块置于酒壶外，使之冷冻，这样饮用起来就会清凉爽口。冻饮制作十分复杂，首先要有冷藏设施，即冰窖，类似于井。据考古发现，在楚都纪南城中部有不少冰窖，其中有处十八眼窖井密集在一起。每到隆冬季节，就将冰藏之于内，到天热时，作冰镇美酒佳肴之用。当时有一种青铜器，称为"鉴"，类瓮，口较大，便是用来盛冰，以冷冻酒浆和菜肴之用，后人称为"冰鉴"，这在楚墓中较为多见。如 1978 年湖北随州曾侯乙墓就出土了两件冰（温）酒器，这也证实了《楚辞·招魂》中的记载。

「青铜冰鉴（湖北随州出土）」

楚国饮食不但讲求色、香、味、形的美，而且还非常重视饮食器具的美。色、香、味、形、器是楚国饮食文化不可分割的五个方面。楚国最富特色的是漆制饮食器具，楚墓中出土的木雕漆食器有碗、盘、豆、杯、樽、壶、勺等，其形制之精巧，纹饰之优美，常令人惊叹不已。漆食器具有轻便、坚固、耐酸、耐热、防腐、外形可根据用途灵活变化、装饰可依审美要求变换花样等优点，所以，它逐渐在华夏各诸侯国的生活领域中取代了青铜食器。楚国是当时产漆最多的地方，楚国漆食器最负盛名，无论数量还是质量，都堪称列国之冠，并大量输往各国，成为各诸侯国贵族使用和收藏的珍品。楚食与楚器相得益彰，这从侧面反映出楚国饮食文化的发展水平。

荆楚文化经过 2000 多年的发展，其内部又因地理环境以及政治、经济、文化的发展水平不一，表现出若干差异性，形成了江汉文化和湖湘文化。这在饮食文化上的表现就是形成了两大菜系——湘菜和鄂菜。

这两大菜系，均在全国十大菜系之列，其风味有同有异。相同之处就是继承了楚人注重调味，擅长煨、蒸、烧、炒等烹调方法。不同之处在于湘菜偏重酸辣，以辣为主，酸寓其中。湘人嗜酸喜辣，实际上也与地理环境有关。湖南地多山区和卑湿之地，常食酸辣之物有祛湿、驱风、暖胃、健脾之功效。而且，由于古代交通不方便，海盐难于运达内地山区，人们不得不以酸辣之物来调味，因此，养成了人们偏爱酸辣的饮

「湘 菜」

「鄂 菜」

食习俗。鄂菜的调味则偏重咸鲜。湖北素称"千湖之省"，淡水鱼虾资源丰富，而咸鲜口味的形成可能与楚人爱吃鱼有关，因为鱼本身很鲜。又由于湖北有"九省通衢"的雅称，因而在饮食上的兼容性很强。鄂菜吸收了长江上游的巴蜀，长江下游的吴越，乃至中原、粤桂各地饮食文化的精华，因而形成了以水产为本、以蒸煨为主、雅俗共赏、南北皆宜，既有楚乡传统，又有时代特点的风味特色，体现了长江中游区域的饮食文明。江西位于长江中下游交接处的南岸，历史上有"吴头楚尾"之称，部分地区

又曾属越，所以江西的饮食习俗具有吴、楚、越的特点。又由于江西在历史上曾是儒、佛、道三教的活动中心，合流之处，因而在饮食上也具有俗家饮食与佛道饮食文化相结合的特点，创制出了许多养生药膳。

以吴越为代表的长江下游饮食文化区

从江西鄱阳湖口开始，长江便进入它的下游区域了。长江流域的饮食文化在此也有新的拓展。

长江下游地势坦荡开阔，河道多分汊，形成许多江心州。安徽大通以下，长江受海潮顶托的影响，水势大而和缓。到江苏江阴以下，长江便进入了河口段，江面越来越开阔，呈喇叭形口入海。长江下游平原，包括苏皖平原和

「运河边的茶楼酒肆」

长江三角洲平原，是中国很富庶的地区。沿江有安庆、铜陵、芜湖、马鞍山、南京、镇江、南通、上海等重要城市。长江三角洲的太湖平原，从古至今，都是美丽富饶的同义语。这里土地肥沃，农业和航运事业特别发达，仅仅一条大运河，就串连了扬州、镇江、常州、无锡、苏州、杭州这么多"人间天堂"般的城市。

在先秦时，长江下游地区以太湖为界，北为吴国，南为越国。吴、越虽是两国，土著却是一族。吴国的疆域以太湖平原北部和宁镇丘陵为主体，扩展到皖南大部分丘陵，苏北的一部分平原，以及淮南的部分地方。越国的疆域以宁绍平原和太湖平原南部即杭嘉湖平原为主体，扩展到浙西、皖南的山地及淮南部分地方。

吴越的地理环境，气候条件大体类似。由于历史上长江上游带来的大量泥沙，加上钱塘江北岸的部分沉积，使吴越的中心地区太湖流域形

成水网交错、土壤肥沃的冲积型平原。整个地区地势平坦，以平原和丘陵为主，东面临海，江湖密布，这种地理环境为稻谷生长提供了十分优越的条件。而且，当时太湖流域的气候条件也给稻作农业产生了良好的影响。

竺可桢在《中国近五千年来气候变迁的初步研究》一文中认为，远古时长江下游及杭州湾地区的气温要比现在高2℃，也就是说远古长江流域的气温接近现在的珠江流域。考古资料也印证了这一推论的正确性。据考古人员对7000年前杭州湾北岸河姆渡出土的植物遗存中的孢粉分析，当时这里曾"生长着茂密的亚热带绿叶阔叶林，主要树种有樟树、枫香、栎、栲、青冈、山毛榉等，林下地被层发育较好，蕨类植物繁盛，有石松、卷柏、水龙骨、瓶尔小草，树上有缠绕着狭叶的海金沙"。海金沙现在只分布在广东、台湾、马来西亚群岛、泰国、印度、缅甸等地，说明当时河姆渡一带的气候比现在更温暖。

从太湖流域新石器时代遗存出土的稻谷品种来看，当时只有籼稻、粳稻和过渡型三个稻谷品种。经过吴越先民不断改良，到明清时，江苏、浙江两省的稻种竟达1000多种。稻谷种类的增多，从主食方面极大地丰富了吴越的饮食文化。

一般而言，稻谷可分为粳、籼、糯三大类。粳米性软味香，可煮干饭、稀饭；籼米性硬而耐饥，适于做干饭；糯米粘糯芳香，常用来制作糕点或酿制酒醋，也可煮饭。在长江下游的饮食生活中，自古以来，糕点都占有十分重要的位置。在宋人周密的《武林旧事》中，就收录了南宋临安（杭州）市场上出售的"糖糕""蜜糕""糍糕""雪糕""花糕""乳糕""重阳糕"等近19个品种。但如果论制作工艺之精，品种之多，味道之美，则以苏州为上。

「梅花糕」

吴越地区将以糯米及其屑粉制作的熟食称为小食，方为糕，圆为团，扁为饼，尖为棕。吴中乡间有句俗谚："面黄昏，粥半夜，南瓜当顿饿一夜。"晚餐若以面食为之，到黄昏就要挨饿，因此，吴人若偶以面食为晚餐，则必有小食点心补之，这就使得吴地糕点制作特别丰富。

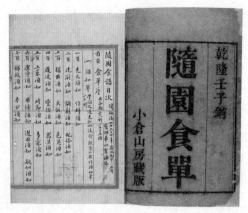

「《随园食单》书影」

早在唐代时，白居易、皮日休等人的诗中就屡屡提到苏州的"粽子""粗粢"；宋人范成大《吴郡志》载，宋代苏州每一节日都有用糕点节食，如上元的糖团，重九的花糕之类；明清时，苏州的糕点品种更多，制作更为精巧，这在韩奕的《易牙遗意》、袁枚的《随园食单》、顾禄《清嘉录》、《桐桥倚棹录》中都有不少记载。如今，苏州糕点已形成品种繁多、造型美观、色彩雅丽、气味芳香、味道佳美等特点。

在苏州糕点中，最为人称道的是苏式船点。船点是由古代太湖中餐船沿袭而来的，它在制作工艺上受到吴门画派清和淡逸、典雅秀美的风格影响，无论是制作鸟兽虫鱼、花卉瓜果，还是山水风景、人物形象，均能做到色彩鲜艳、惟妙惟肖、栩栩如生。再包上玫瑰、薄荷、豆沙等馅芯，更是鲜美可口，不仅给人以物质上的享受，还给人以精神上的美感，充分显示了吴地饮食具有高文化层次的特征。由此也可以看出，源远流长的吴越稻作生产对人民饮食生活结构与习俗产生了巨大影响。

经过长时期的历史发展，吴与越的文化特征各自显现出来。公元前473年，越灭吴。公元前356年，楚灭越。越文化由此逐渐向东南沿海地区流播，其海洋文化的特色更浓。而吴地则被楚文化所笼罩。东汉以后，东吴国家建立，这也就使吴文化在新的历史背景下找到了崛起和传承的契机。两晋南朝时，具有新质的长江下游地区的吴文化迅速发展。唐宋时，中国经济的重心移往江南已成为不改之势。明清时，长江下游已成为全国最繁荣的地区。在这种历史背景下，古老的吴越饮食文化也因其地域不同而分成了淮扬、金陵、苏州、无锡、杭州等不同风味。这些不同地域的菜肴，虽有相通之处，但终究是自成一家，各具特色。

淮扬指江苏北部扬州、镇江、淮安等沿运河地区。但在古代，扬州却是个大区域概念，由淮及海是扬州。《尚书·禹贡》中的扬州还包括今苏南、皖南及浙、

「国宴上的淮扬菜」

闽、赣大部分位置。隋代以后方定指今日之扬州，淮扬风味即发源于今之扬州等地。

> 淮扬菜系为我国四大风味菜之一，又因其发源地在江苏，故有以江苏菜取代淮扬菜者。它与浙皖等风味合称下江（长江）菜，与浙江风味合称江浙菜，其风味大同小异。

淮扬菜的风味特点是清淡适口，主料突出，刀工精细，醇厚入味，制作的江鲜、鸡类都很著名，肉类菜肴名目之多，居各地方菜之首。点心小吃制作精巧，品种繁多，食物造型清新，瓜果雕刻尤为擅长。苏州在长江以南，扬州在长江以北，一江之隔，两地菜肴的风味却不尽相同。因地理相近，为长江金三角之地，苏州菜与无锡、淞沪等地风味一致，其风味特色是口味略甜，现在则趋清鲜。菜肴配色和谐，造型绚丽多彩，时令菜应时迭出，烹制的水鲜、蔬菜尤有特色，苏州糕点为全国第一。

扬州与苏州，"一江之隔味不同"，其原因在于扬州在地理上素为南北之要冲，因此在肴馔的口味上也就容易吸取北咸南甜的特点，逐渐形成

自己"咸甜适中"的特色了。而苏州相对受北味影响较小,所以"趋甜"的特色也就保留下来了。

长江下游地区的著名风味还有徽菜,徽菜因起源于南宋时的徽州府(今皖南屯溪、歙县一带)而得名,以烹制山珍野味而著称全国。

"一方水土养一方人",同在长江流域而分处上游的巴蜀饮食文化、中游的荆楚饮食文化、下游的吴越饮食文化,由于地理环境的不同,其风味也各有特色,这深刻说明复杂多变的地理形势和气候环境是中华饮食文化多样化发展的空间条件和自然基础。

| 巴蜀饮食文化 |

川菜发源于古代的巴国和蜀国，它是在巴蜀文化的背景下形成的。川菜以其悠久的历史、广泛的取材、多样的调味、繁多的菜式、宽广的适应面而在中国饮食领域中素享盛誉，为世瞩目。

川菜探源

　　巴蜀位于长江上游，气候温和，雨量充沛，良田沃野，物产丰富。得天独厚的自然条件，富饶的自然资源，为川菜烹饪技术的发展提供了良好的条件。山林茂密，笋菌丰盛，江河纵横，鱼鲜肥美。猪牛羊肉、禽蛋、野味、干鲜蔬菜，四季皆有。嘉陵、雅河之中生长的江团、岩鲤、雅鱼，可称鱼类上品。山川丘陵之间，盛产银耳、虫草、贝母，皆为营养丰富的珍馐。雪山草地所出熊、鹿、獐、麂，更属馔肴上乘。许多名厨巧手，云集四川，于是逐步形成了具有巴蜀独特风味的川菜品种和烹调方法。

「宴饮起舞（出土画像砖）」

　　汉代以来，巴蜀之地的王公富豪"娶嫁设太牢之厨膳"，良辰列金御嘉宾，繁肴绮错，宴饮作乐是习以为常的事情。出土文物中宴饮画像砖、画像石、餐具食器和一些历史文献都可以证实这一点，一些诗赋对此亦有描述。汉代扬雄的《蜀都赋》写宴食的肴馔，就说"调夫五味，甘甜之和；勺药之羹，江东鮐鲍，陇西牛羊，粲米肥猪"及珍稀的野禽野兽等"五肉七菜"，其品种之多，不亚于战国时屈原在《招魂》中描述楚宫筵席之品数。

　　西晋左思的《蜀都赋》说，四川豪富选择吉日良辰宴食，有"巴姬""汉女"组成的乐队演奏，演唱《西音》和《江上》等歌曲助乐，还有长袖飘洒、飞舞流丽的舞蹈队表演。主客不顾一切享受宴食之乐，哪怕醉一个月也不在乎。宋代苏轼写的《老饕赋》，也有对文人学士们宴饮习俗的描写。

　　明清以降，特别是清代，南、北方满汉官员纷纷入川，不少厨师随行，促进了南、北方与四川烹饪技术的交流。在四川的饮食业中，餐馆承包筵席时仍有南堂、南馆、南菜之称。川菜鱼翅海参的烹制，常采用干烧、收汁、浓味或家常味的方法。家常海参加用碎肉、豆瓣，经微火慢烧至亮油，稍勾薄芡成菜后，色泽红亮，香辣醇鲜，既吸取了南菜的长处，又区别于它偏重清淡的作法。清代袁枚著的《随园食单》中论述烧烤、粉蒸之类的菜肴，北京、山东一带已早有此菜；川菜中的叉烧全鸡、火锅毛肚、酱爆肉丝等，受到北菜烤鸭、涮羊肉、京酱肉丝的影响；粉蒸肉、粉蒸排骨则有山东、山西菜肴的烹调特点。所以，著名历史学家蒙文通先生曾说："川菜是山东的烹调汇合而成的。"

> "南菜川味，北菜川烹"，既取优于南北菜，又发扬川菜自身之长，兼收并蓄，从而逐步形成了川菜的独自风格。

川菜的风格

　　川菜的风格在味，过去人们常以为川菜只是"麻、辣、烫"，其实川菜虽以麻辣见长，但并不以麻辣压其他味，是麻、辣、咸、烫、嫩、鲜诸味皆备。四川盆地湿度大，川人自古"尚滋味"，"好辛香"，川菜厨师略施技艺，用辣椒这个调味品做出了香辣、麻辣、咸辣、酸辣、冲辣、微辣等不同风格的菜肴，十分微妙。川菜味型多种多样，变化无穷，一般有家常味、鱼香味、荔枝味、咸鲜味、酸辣味、麻辣味、糖醋味、姜汁味、酱香味、蒜泥味等30多种味型。川菜讲究综合用味并突出主味，有主有次，将酸、甜、咸、麻、辣五味的调味品掌握好，即可"五味调和百味出"，故川菜有"一菜一格，百菜百味"的赞誉，人称"味在四川"。下面就川菜的各种味型作一叙述。

　　家常味型　源于民间的调味法，特点是咸鲜微辣，回味有的带甜，有的带醋香。

　　鱼香味型　源于四川民间独特的烹鱼调味法，广泛用于热冷菜式之中，咸、甜、酸、辣兼备。

怪味型 特点是咸、甜、麻、辣、酸、鲜、香并重，所有调料互不压抑，相得益彰，颇为奇妙。

红油味型 以特制的红油与酱油、白糖、味精调制而成，有的还加醋、蒜泥或香油。这种味型多用于凉菜，特点是咸鲜辣香，但辣味比麻辣轻，回味略重于家常。

麻辣味型 这是最典型的川味，麻辣味厚，咸鲜而香，广泛应用于冷热菜式。主要由辣椒、花椒、川盐、味精、料酒调制而成。据蓝勇先生考证："历史上四川地区是花椒最重要的产地，食用也最为普遍。研究表明，中国古代平均有四分之一的食品中都要加花椒，与今天中国菜谱中花

「鱼香肉丝」

「宫保鸡丁」

椒入谱比例相比，这个比例十分大了。从北魏开始到明代，使用花椒的比例是在逐渐增大，最高的唐代达五分之二，明代也达三分之一。但从清代开始，花椒在食谱中的比例大大降低，降至五分之一。这可能与番椒（辣椒）的传入、侵夺辛辣调料有关。同时，清代胡椒的大量使用，可能也侵夺了花椒在饮食中的份额。于是，清代以前在全国流行十分广泛的花椒麻味被逐渐挤于四川一角，使川菜形成麻辣兼备的格局，中原地区惟有山东等地还有一定食麻的传统。"

酸辣味型 以川盐、醋、

「几乎所有美食的烹制都离不开保宁醋，当地有"离开保宁醋，川菜无客顾"之说」

胡椒粉、味精、料酒调制而成，也常以酸菜或泡菜、红油或元红豆瓣调制。其特点是醇酸微辣、咸鲜味浓。

糊辣味型 以川盐、干红辣椒、花椒、酱油、醋、白糖、姜、葱、蒜、味精、料酒调制而成。这种味型的特点是香辣咸鲜，风味略甜。辣香是这种味型的重点。

陈皮味型 这种味型只用于凉菜，它以陈皮、川盐、酱油、醋、花椒、干辣椒、姜、葱、白糖、红油、醪糟汁、味精、香油调制而成。特点是陈皮芳香，麻辣味厚，略有回甜。

椒麻味型 以川盐、花椒、葱花、酱油、醋、味精、香油调制而成。特点是椒麻辛香，味咸而鲜。

椒盐味型 以川盐、花椒、味精调制而成，具有香麻而咸的特点。

酱香味型 以甜酱、川盐、酱油、味精、香油调制而成。可根据不同菜肴风味的需要，酌加白糖、胡椒和姜葱。特点是酱香浓郁，甜咸兼鲜。

「五香兔头」

五香味型 以山奈、八角、丁香、小茴、甘草、沙头、老蔻、肉桂、草果、花椒等传统香料烧煮食物。其特点是浓香咸鲜，冷热菜式都广泛运用。

甜香味型 以白糖或冰糖为主要调味品，也可根据不同菜肴的需要，加适量的香精，并辅以各种蜜饯、水果、果汁等。其特点是纯甜而香，多用于热菜。

香糟味型 以醪糟、川盐、味精、香油调制而成，根据不同菜肴的需要，可以酌加胡椒粉、花椒、冰糖、姜、葱。其特点是醇香咸鲜而回甜。

烟香味型 根据不同菜肴的需要，选用不同的熏制材料和调味涂料，如稻草、柏枝、松叶、茶叶、竹叶、樟叶、花生壳、核桃壳、糠壳、锯木屑等，熏制涂抹了调料的鸡、鸭、鹅、兔、猪肉、牛肉等。其特点是咸鲜醇和，独具芳香。

咸鲜味型 以用盐为主调料，酌情添加味精、酱油、白糖、香油及姜、胡椒等。其特点是咸鲜清香，突出蔬菜的本味。

荔枝味型 以用盐、醋、白糖、酱油、味精、料酒调制，并取姜、葱、蒜末。其特点是酸甜似荔枝，咸鲜在其中，多用于热菜。

「糖醋排骨」

糖醋味型 以糖醋为主要调料，佐以川盐、味精、姜、葱、蒜调制而成。其特点是甜酸味浓，回味咸鲜。

姜汁味型 以川盐、姜汁、酱油、味精、醋、香油调制而成。其特点是姜味醇厚，咸鲜微辣。

蒜泥味型 以蒜泥、精制红酱油、香油、味精、红油调制而成。其特点是蒜香味浓，咸鲜微辣。

麻酱味型 以芝麻酱、香油、川盐、味精、浓鸡汁调制而成。其特点是芝麻酱香，咸鲜醇正。

芥末味型 以川盐、醋、酱油、芥末、味精、香油调制而成。其特点是咸鲜酸香。

咸甜味型 以川盐、白糖、胡椒粉、料酒、姜、葱、蒜等物调制而成。其特点是咸甜并重，兼有鲜香。

> 川菜之所以异于其他地方菜，其魅力所在，实在首推味道丰富。由于川菜调味变化多端，菜式繁多，可以做到一年365天，天天不吃重样；一日三餐，餐餐花样翻新。

川菜之所以能"以味取胜"，与它所用的本地多种调料是分不开的。如烹制回锅肉、鱼香肉丝，如果不用四川郫县的豆瓣和泡辣椒，就会失去"正宗川味"。所以，川人将郫县豆瓣称之为"川菜之魂"。

郫县豆瓣已有300年的历史，它为川菜个性化的发展可谓功勋卓著。

川菜许多重要的味型都离不开它。许多赫赫有名的川菜比如"麻婆豆腐""回锅肉""豆瓣鲫鱼"都要靠它捧场。如今非常时髦的新派川菜和川味火锅，离开了它，就像掉了魂似的。郫县豆瓣是浸润着川乡水土的香辣，是异国他乡的任何辣味无法取代的。

「麻婆豆腐」

巴蜀日常食俗

四川人相见爱问三餐，"你吃饭没有""宵夜没有"犹如问早安、晚安、你好，三餐在人们心目中不同寻常。四川人一日三餐，讲究"早饭吃得少，午饭吃得饱，晚饭吃得好"。

四川人三餐饭多为大米，按照四川人的说法，世界上最养人的，除了"糠壳心"无二，"糠壳心"指的就是大米。大米的吃法首推"甑子饭"（将米煮七八熟，沥去米汤，入甑桶蒸透即成），米粒散疏爽口。其次是焖锅饭，焖时爱加进红薯、嫩胡豆、腊肉粒等物。

「甑子饭」

丘陵地区的农民除喜吃大米外，还常以玉米、红薯、洋芋等杂粮作为辅助。面粉在城乡人的饮食生活中，多做小吃，是为点缀。

早点 四川成都、重庆等城市有许多茶馆，人们吃早点多喜欢到茶馆去，是为饮早茶。四川人喜爱到茶馆吃早点的风俗由来已久，名闻全国。

成都、重庆一带茶馆的座位是靠背竹椅，平稳，贴身，或靠或坐不觉累，闭目养神不怕摔。茶具用的是"三件头"，即瓷碗、瓷盖和托盏。

成都茶馆有三个显著特点，即一早、二大、三多。所谓一早，即开门时间早，一般清晨五点就开门营业；二大，即茶馆面积大，如过去的华华茶厅有1000多个座位，宏大壮观居全国之首；三多，即茶馆多。

「成都老茶馆」

据1909年出版的《成都通览》记载，当时成都有街巷516条，开设茶馆454家。另据解放前成都《新新新闻》报道，当时成都有街巷667条，有茶馆599家，每天茶客约12万人次，而当时全市人口还不到60万人，每天有五分之一的人进茶馆。

成都人一般爱喝茉莉花茶。坐茶馆并非单为品茶吃早点，看、听、闻都是享受。茶客坐满了，卖小吃的也来了，选几样，打个尖儿，边吃边喝边聊天，四川人叫"摆龙门阵"。一般老年人要坐到中午才纷纷离座，早茶到此收场。

午饭 四川人饭前喜欢去街头转转，顺便买点下酒肉。最常见的午饭是：一碗"甑子饭"，几样炒菜，如炒猪肝、酱爆肉、鱼香肉丝，外搭一个时鲜小菜汤，两样泡菜。饭后一般要休息一下，在家看看书、喝喝茶，或去茶馆打打牌。下午的茶馆，茶客较杂，各色人等都有。

晚饭 老人们喜欢在饭前喝点酒，一家人聚在一起，其乐融融。晚饭后，也有人喜欢到茶馆去饮点晚茶，或作宵夜。茶馆是四川人爱去的场所，目前尚保留原来面貌的老茶馆还有著名的春兰茶社、大安茶社、森园等。店堂摆设虽陈旧，但足可领略地方风土人情。当地有名的老艺人，多爱在这几家茶馆聚集"打围鼓"，届时总是济济一堂，连过道、大门口都挤满了观众。

坐落在成都春熙路南段的饮涛茶厅和顺城街的晓园茶厅，全部采用现代建筑材料和具有民族风格的庭园设计，布置了假山、喷水池和盆花等，服务项目除供茶水外，还销售冷饮、面包、点心，堪称现代化茶厅。青年朋友多爱光临这里。

成都、重庆的大学生也爱坐茶馆。成都望江公园里近200座的茶园内常见四川大学的学生在此落座，品茗畅叙。每逢大考之前，四川大学东门外的小茶馆更是热闹非凡，学子们在此一边饮茶，一边诵书，沉着悠闲之至。

「望江公园里休闲喝茶的成都人」

川味小吃

四川小吃与四川菜一样闻名中外。四川小吃是指受到广大群众普遍欢迎的份量小而特色浓的四川小食品，主要是蒸、煮、炸的糕点面食。四川小吃具有品种丰富、食用方便、经济实惠、物美价廉等特点。

四川小吃源于民间，历史悠久，据清末《成都通览》中记载的小吃，共计有200多种。这些著名的小吃，不仅大部分继承了下来，而且还不断有所发展、创新，现在已达500余种，其中比较著名的有200种左右。

四川小吃取材广泛，就所用的主要原料来划分，不仅有以米、面为主的馒头、面条、包子、锅盔、汤圆、白糕、醪糟、叶儿粑等，还有以豌豆为主料的川北凉粉，以黄豆为主料的豆花，以绿豆为主料的片粉、绿豆团，以糯米、籼米和黄豆为主料的三合泥，以红苕为主料的玫瑰红苕饼，以甜杏仁为主料的冰汁杏淖，以蛋品和禽畜肉为主料的蛋烘糕、棒棒鸡丝、夫妻肺片、火边子牛肉等，不胜枚举。

四川小吃特别注重传统工艺，如赖汤元的制作就有一整套严格的传统工艺：首先要选上等糯米浸泡、磨浆、制馅，然后制成不同形状、不同风味的生坯，煮熟后盛碗上桌，每碗呈现四个形状，四种馅心的汤圆。

「豆花」

制作的豆花，必须严格选豆、淘洗、泡发、磨浆、熬浆、点卤，才能达到白嫩绵软、开整不烂的效果。四川各城市都有专门的豆花馆。如浑浆豆花，是成都小竹林餐厅的名作，其豆花是豆腐脑经微火煮后变得较老的一个品种。成都制作豆花有名的除"小竹林"外，还有"谭豆花""吴豆花"。重庆河水豆花馆有名的有"白家馆""高豆花""永远长"等。

制作的阆中白糖蒸馍，必须按照传统的发酵工艺，才能使成品松软绵实，滋润香甜，久存不变质，回笼不破皮。

小吃在熟制阶段，还要十分注重火候，强调相物而施，区别对待，如煮汤圆沸水下锅，汤圆入锅后微沸不腾，使之慢慢熟透，这样吃时便不粘筷、不粘牙。小笼蒸牛肉，则要求旺火熟透，一气呵成。炸波丝油糕，火大则顶端无蘑菇状波丝网隆起，火小则顶端隆起的波丝网会飞脱，只有把火候、油温控制在合适的限度内，才能炸制出色正、形美、味鲜的波丝油糕。

四川的面条制作也十分讲究，据说四川在宋代就已有"大㸆面""素面""担担面"等，其后又有驰名的宋嫂面。成都厨师刘万发、彭绍清等，曾仿古方制成面馅，仍取名宋嫂面。这种面的原料以鱼肉、芽菜、香菌等为主，其味鲜美。成都铜井巷素面原系摊贩，因在铜井巷设店，故名。其特点有麻、辣、咸、甜、酸、香六种味道，很受群众喜爱。重庆的担担面被誉为全国五大名面之一。早年，卖面人用一副挑子，一头挑火炉鼎锅，一头挑面条、佐料，沿江叫卖，颇

「担担面」

为方便顾客，故名。其中，1942 年在陕西街灯笼巷设摊营业的正东担担面味道特佳。正东担担面的传统特色是用料讲究，特别是用筒子骨加黄豆芽熬汤，食之鲜香、滑润、辣而不燥，极为爽口。

抄手也是人们喜爱的小吃。春熙路南段的龙抄手制作精美，别具一格，其皮薄如纸，馅嫩如泥，汤味鲜浓，有原汤、炖鸡、海味、清汤、红油等多种。龙抄手与许多名小吃不同的是，它并不是龙姓开设。它的创办人是"浓花茶社"的几个伙计，取名"龙抄手"一是谐"浓花茶社"的"浓"字音，二是取"龙凤呈祥"之意。

「龙抄手」

四川小吃一般以份量小、花样多、制作奇、味道美、价格低、质量高而著称，因而它的适应面特别广，受到越来越多的消费者喜爱。

「夫妻肺片」

著名的川味小吃有：重庆的山城小汤圆、九园包子、鸡汁什锦熨斗糕、毛牛肉、提丝发糕、八宝枣糕、鸡丝凉面、鸳鸯叶儿粑等，成都的赖汤园、钟水饺、龙抄手、担担面、波丝油糕、珍珠圆子、三合泥、夫妻肺片、萝卜丝饼、青城白果糕等。此外，还有自贡的火边子牛肉，泸州的白糕、猪儿粑，宜宾燃面，乐山的棒棒鸡丝，南充的川北凉粉，顺庆羊肉粉，大竹醪糟，达县灯影牛肉，通江银耳羹，等等。

成都还有一种小吃，值得特别介绍，这就是青羊宫花会上的"油炸果子三大炮"。"三大炮"又叫"一炮三响"，是一种糍粑团。小贩从

「糖油果子三大炮」

锅里抓起一团，用力往竹簸箕内一掷，又借力弹入第二个簸箕，再弹入旁边小碟子内。在这二弹三跳中，糍粑团已浑身粘满簸箕内分别盛着的炒芝麻、炒黄豆面、白米等物，只待顾客品尝了。

赶花会吃"三大炮"的游客，不仅仅为了一饱口福，还要饱眼福和耳福。一是最爱看那糍粑团在手艺高超的师傅手中怎样巧妙地弹入一个又一个簸箕之中。二是喜欢聆听师傅手中不时敲响小木杖的脆响声，以及糍粑团在竹簸箕中"嘣嘣"跳跳的"炮声"。这些都是四川小吃文化的特色。

如今在吃惯了大鱼大肉，品过山珍海鲜之后，人们开始爱上了小吃。因此，四川小吃不仅仅为寻常百姓所喜爱，也常常成为相当规格的席上珍品。小吃配大餐，大餐带小吃，也是四川饮宴的传统特色。发展到今天，四川的小吃不但可以单吃、组合吃，以小吃为中心的宴席亦很盛行。四川小吃的生产、经营形式也开始迈向现代化。

| 荆楚饮食文化 |

　　荆楚境内河网纵横交错，湖泊星罗棋布，历史上有"千湖之省"的美称，是中国主要的鱼米之乡，因而在饮食上也形成了与此相应的文化习俗。

荆楚饮食文化的渊源与特色

荆楚饮食文化的历史十分悠久，据湖北省文物考古研究所陈振裕先生考证：湖北"旧石器时代人们的生活，主要依赖于鱼猎与植物采集，饮食很差。自从新石器时代发明农业后，我国就是一个地广人多的农业国。伴随着各个时期农业生产的不断发展，饮食生活也不断提高。从考古发现的情况看，湖北地区的主食一直是以稻米为主，并辅以菱、粟等。

新石器时代以后，副食主要有肉食品与蔬菜两大类。肉食品有兽、禽、鱼三种，各个时期的畜牧业经历了不断发展的过程，人们食用的比例也不断增多，鱼猎的比重不断下降，而且肉食品的品种也不断兴富，尤其在战国秦汉时期更为明显。蔬菜在春秋之前尚未发现，在战国和西汉时期的墓中已有不少发现，而且品种也较多，已是当时人们的主要副食。同时，还发现了许多调味料，说明当时对饮食质量的要求提高了。"

湖北饮食文化是伴随着楚文化的掘起而兴旺发达起来的。所以，不仅有人把湖北菜称为鄂菜，也有学者将湖北菜称为楚菜。这也就是说，湖北菜的制作，早在 2000 多年前的楚国时期就已达到相当的水平。《楚辞》中的《大招》与《招魂》中所列举的菜馔已证明了这一点。另外，从考古发现的资料上来看，特别是 1978 年湖北随州曾侯乙墓中出土的 100 多件饮食器具更是较好的例证。

「湖北省博物馆：曾侯乙墓金盏、金匕」

以曾侯乙墓为代表的这一时期楚墓中出土的饮食器具主要由铜、陶、金、漆木、竹等五种材料制作而成。在众多的饮食器具中，煎盘是一种极其重要的烹饪器具。原湖北省饮食服务处杜世中先生对此曾作过详细考证，认为这是一种可烧、可煎、可炒、可涮的炊食器具。而在2400多年前就能运用煎、炒、涮等烹调方法，这在各大菜系中是领先的，同时也充分证实了鄂菜源远流长的历史。

从曾侯乙墓葬中出土的饮食器具中可以看出，当时贵族们的盛宴中，湖北地方风味菜即已形成。这个论据可以从《楚辞·招魂》中得到印证。《楚辞·招魂》里记录了从主食到菜肴，以及精美点心、酒水饮料等 20 多个品种的楚地名食。从这张食单中可以看出，当时楚国食物原料丰富，烹调方法及调味手段多变，它像一面镜子，生动地反映了当时湖北地区的饮食风貌和特色，表现了先秦时期鄂菜艺术的成就，也充分说明具有楚乡风味的鄂菜在先秦时期已初具雏形。

「曾侯乙墓青铜酒具」

「湖北省博物馆：尊盘」

秦汉以后，鄂地饮食文化有了长足的发展，"进入汉魏，《七发》记下了牛肉烧牛笋、狗羹盖石花菜、熊掌调芍药酱、鲤鱼片缀紫苏等荆楚佳肴，《淮南子》也盛赞楚人调味精于'甘酸之变'；这时还制成'造饭少顷即熟'的诸葛行锅和光可鉴人的江陵朱墨漆器，反映了这一时期楚地饮食文化的进一步发展。降及唐宋，《江行杂录》介绍过制菜'馨香脆美，济楚细腻'，工价高达百匹锦绢的江陵厨娘；五祖寺素菜风靡一时；苏东坡命名的黄州美食脍炙人口"。晚唐诗人罗隐在《忆夏口》中吟唱道："汉阳渡口兰为舟，汉阳城下多酒楼。当年不得尽一醉，别梦有时还重游。"反映了武汉地区的饮食业在 1000 多年前就有了一定的规模。

到了明清两代，鄂菜更趋成熟。在《食经》《随园食单》《闲情偶寄》和《清稗类钞》等著名食书中，搜集的鄂菜精品就更多了。这时，不仅有鄂菜代表菜品，更多名菜也应运而生，如"沔阳三蒸""江陵千张

「沔阳三蒸」

肉""黄陂烧三合""石首鱼肚""咸宁宝塔肉""武汉腊肉炒菜",以及黄梅五祖寺著名的素菜"三春一汤"——煎春卷、烧春菇、烫春芽、白莲汤,如此等等。在鱼菜技艺上也有较大的创新,如钟祥的蟠龙菜,主料是鱼和肉,而成品却是鱼不见鱼,肉不见肉;黄州的金包银、银包金,使鱼肉合烹,各自剁蓉成馅,相互包裹,光洁似珠,落水不散,技艺之精湛可谓登峰造极。此外,黄云鹄的《粥谱》集古代粥方之大成。楚乡的蒸菜、煨汤和多料合烹技法见之于众多的食经,鄂菜作为一个菜系已基本定型。

如果说"味在四川"的话,那么,可以说"鲜在湖北"似不为过。鄂菜在楚文化的影响下,凭借"九省通衢"和"千湖之省"的地理优势,形成了水产为本、鱼馔为主、口鲜味醇、秀丽大方的特色,适应面十分广泛。具体而言,鄂菜有如下几个特点:

1.丰富的原料

湖北沃野千里,水网密布,得水独厚,又地处华中腹地的长江中下游,是全国有名的"鱼米之乡",历来有"两湖熟,天下足"之说。全省六山一水三分田,故熊掌、猴头、木耳、冬笋等山珍无不富有,稻米、小麦、大豆、牲畜、禽蛋、果蔬等农副食品异常丰足。尤其是淡水鱼鲜,其品种之多(常用就有50多种)、产量之大(年产量居各省之首)、食用之广为其他任何菜系所不及。如此丰富的烹饪原料,为鄂菜的发展奠定了坚实的基础。

不仅如此,湖北各地还有许多独特的烹饪原料,正如一首湖北民间歌谣唱道:"萝卜豆腐数黄州,

「野鸭焖藕」

樊口鳊鲉鄂城酒。咸宁桂花蒲圻菜，罗田板栗巴河藕。野鸭莲菱出洪湖，武当猴头神农菇。房县木耳恩施笋，宜昌柑橘香溪鱼。"不仅如此，笔架山鱼肚、金口鲴鱼、鹤峰葛仙米、沙湖盐蛋、洪山菜薹、襄阳大头菜等，都是著名的土特名食。而在这众多的土特名食中，尤以"武昌鱼""洪山菜薹"最有名。宋代文豪苏东坡慕名到武昌品尝洪山菜薹的故事，清代湖北总督李恪勤挖土到安徽种植洪山菜薹的传说，民国张群对洪山菜薹的留恋之语，使洪山菜薹的名声大振。历代文人墨客对武昌鱼的赞美，毛主席对武昌鱼的吟颂，使武昌鱼成为饮誉中外的著名烹饪原料。这些独特的烹饪原料是形成鄂菜特殊风味的基础。

2.别具一格的烹调风格

众所周知，各大菜系都有自己独特的烹调风格，川菜讲究调味，以干煸、干烧等烹调方法较为擅长。鲁菜善于制汤，对扒、爆比较熟练。而鄂菜在烹调技法上，蒸、煨、炸、烧应用最广，也最为擅长。鲁菜厨师讲究"勺功"（即翻锅技巧），川菜厨师讲究调味，苏菜厨师讲究菜肴外形，这些统称为勺上功夫（即锅上功夫）。而湖北厨师则十讲究勺底功夫，即注重菜肴火候的掌握，对火候的要求十分严格。鄂菜的蒸、煨、烧等烹调方法是特别讲究火候的几种烹调方法，如"蒸"，原料在锅或笼内，人的眼睛无法观察它的成熟度，全凭厨师的经验来控制火候的大小和时间的长短。有的菜肴须用大火长时间蒸，如"荷叶鸡"；有的须用大火短时间蒸，如"清蒸武昌鱼"；有的须用中小火短时间蒸，如"雪山鱼片"的"雪山"等。没有丰富的经验是难以掌握的，否则不及则生，过之则烂。由此反映了鄂厨对火候的考究。

鄂菜的烹调风格还体现在擅长主、副食结合烹调，这在其他地方菜中是

「清蒸武昌鱼」

没有或很少见的。例如粉蒸系列菜（以米粉拌和原料蒸制）、珍珠系列菜（以泡制的糯米与原料混蒸）、锅巴系列菜等，具有浓郁的地方特色。

3.繁多的菜品

鄂菜有相当数量的菜品，据有关资料不完全统计，鄂菜现有菜点品种3000多种，其中传统名菜不下500种，典型名菜点不下100种。仅以黄州为例，历史上因为苏轼被贬为黄州团练副使，当地就出现了一系列以东坡为名、以当地物产为原料的系列菜。

黄州濒临大江，山清水秀，民风淳朴，物产亦丰富。相传城内有金甲井，水清味醇，做的豆腐好吃，远近有名。离黄州50里的巴河盛产莲藕，别处藕只有7孔，巴河藕却有9孔，肥嫩甜脆。与黄州隔江相望的鄂城樊口，盛产细头鳊鱼，肉嫩味美，又称武昌鱼（因古代鄂城称武昌）。鄂城出产一种醇酽的白酒，被苏东坡称为"江城白酒三杯酽"。当地人编了这样一首民谣："过江名士开笑口，樊口鳊鱼武昌酒，黄州豆腐本佳味，盘中新雪巴河藕。"以东坡肉为代表的东坡系列佳肴正是在黄州淳厚乡风民俗的背景下形成的。

「东坡肉」

"东坡肉"是一种炖肉，为蓼州传统名菜。

"东坡豆腐"相传为东坡谪居黄州时用黄州豆腐烹制的。制作时取葱少许洗净，下葱入油锅炸至发黄捞出，再将豆腐一大块切成丁入油锅，加精盐，白汤烧沸，取榧子20枚，研碎入锅同煮，再淋入麻油，即可起锅装盘。其味滑嫩葱香，榧脆味美。

"东坡鲫鱼"是苏轼居黄州时以鲜活鲫鱼为主料烹制的菜，故名。李时珍称此菜有"和中补虚，除湿利水，温胃进食，温中下气"的功能。据《黄州府志》载："东坡居黄州好自煮鲫鱼，并曰其珍食者，自知不尽谈也。"其主料为活鲫鱼一尾，白菜心少许，橘皮一片即可。制作堪称简便：置炒锅旺火上，下猪油烧至五成热。将剖洗好的鲫鱼下锅煎至两面黄，入清水，加精盐、白菜心烧沸，再放入葱白、姜末、萝卜汁、料酒、橘皮、胡椒粉，起锅盛入汤碗即成。

"东坡春鸠脍"，是春天脍斑鸠肉，因苏轼喜食，并曾宣扬故名。苏轼在出川前就爱吃此菜，曾说"蜀人贵芹菜脍，杂鸠肉为之"。他在黄州的《东坡八首》中写道："……泥芹有宿根，一寸嗟独在。雪芹何时动，春鸠行可脍。"此菜是选用春斑鸠胸脯肉，并杂以香芹丝合炒的一道佳肴。

"东坡鮰鱼"，鮰鱼，亦称鲢鱼。李时珍说："鲢生江淮间无鳞鱼，五六月取大四五尺者，鳞细而紫，无细骨，不腥，其肉气味甘平"，有"开胃下，膀胱水"的功效。鮰鱼也是苏轼喜食并曾制作的菜肴，故名东坡鮰鱼。他写有《戏作鮰鱼一绝》："粉红石首仍无骨，雪白河豚不

「珍珠鮰鱼」

药人。寄语天公与河泊，何妨乞与水精鳞。"东坡鮰鱼，鱼肉肥嫩，滑润鲜美，为湖北黄州传统名菜。

"东坡荠羹"，这是苏轼在黄州首创的滋补素肴，他曾说："今日食荠甚美，念君卧病，而醋酒皆不可近，唯有天然之珍，虽不甘于五味而有味外之美。《本草》荠，和肝气、明目，君今患疮故宜食荠。其法取荠一二升许，净择，入淘米三合，冷水三升，生姜不去皮，槌两指大，同入釜中，浇生油一蚬壳，当于羹面上。不得触，触则生油气，不可食。不得入盐醋。君若如此味，则陆海八珍皆可鄙厌也。"东坡所述荠羹为绿色稀羹，甘香绝伦，为天然山林风味。

此外，"沔阳三蒸""清蒸武昌鱼""瓦罐鸡汤""蟠龙卷""腊肉菜薹""千张肉""皮条鳝鱼""红烧鮰鱼""橘瓣鱼氽"等，无不为鄂菜之佼佼者。豆皮、汤包、东坡饼、热干面、散烩八宝、面窝

「面窝」

等皆为湖北小吃之精华。而在这众多的名菜点中，"武昌鱼"则被誉为"鄂菜之冠"，"老通城豆皮"被誉为"湖北小吃之王"，至今在国内外还享有极高声誉。

4.浓厚的楚乡风味

湖北位居华中，北接河南，东邻徽、赣，西依川、陕，地域辽阔，资源丰富。由于历史的原因和地理环境的影响，使鄂菜形成了许多不同的地方风味流派，其中最有代表性的有鄂州、汉沔、襄阳、荆沙四个地方风味：荆沙风味包括宜昌、荆沙、洪湖等地，这一带河流纵横，湖泊交错，水产资源极为丰富，故擅长制作各种水产菜，尤其对各种小水产的烹调更为善于，考究鸡、鸭、鱼、肉的合烹，肉糕、鱼圆的制作有其独到之处；襄阳风味盛行于汉水流域，这一带以肉禽菜为主体，对山珍果蔬制作熟练，部分地区受川、豫影响，口味偏辣；武汉菜是汉沔菜的代表，也称汉沔风味，这一带平原坦荡、湖泊较多，故尤其擅长烹制大水产鱼类菜肴，蒸菜、煨菜别具一格，小吃和工艺菜也享有盛名；鄂州风味泛指鄂东南丘陵地区，这里农副产品种类繁多，主副食结合的菜肴尤有特色，炸、烧很见功底。

5."三无不成席"

鄂菜的"三无不成席"（无汤不成席、无鱼不成席、无圆不成席）更集中反映了鄂菜的特色。湖北人爱喝汤，也会做汤，瓦罐鸡汤、排骨藕汤、鲫鱼汤、鲴鱼汤、鱼圆汤、龟鹤延年汤、峡口明珠汤等，均为汤中杰作。举凡筵宴，压轴戏必然是一钵鲜醇香美的汤。"无汤不成席"，已成为一条不成文的规定。

从历史上来看，地方特色最浓的要数"八卦汤"，所谓"八卦汤"就是乌龟汤。因为楚地巫师往往用龟壳占卦，所以湖北人便把乌龟肉称为八卦肉，把龟肉汤称为八卦汤。作家秦牧在一篇文章中写道："我在武汉虽然仅仅是在解放初期住过十几天，但印象却是十分深刻。……那次我到武汉时，武汉中小饭馆里有一样菜式引起了我强烈的兴趣，那就是'八卦汤'。当时饭馆里普遍都卖这道菜。这使人想起古代云梦泽的遗迹……"是的，湖北人的饮食习俗不仅与自然环境和食物资源有关，而且与灿烂的楚文化有关。虽然经过3000多年的流传和变异，现代仍有很多菜看保持着楚菜遗风。在著名的《楚辞·大招》中，有"鲜蠵甘鸡，和楚酪只"这道名菜。汉代王逸注释说，这是用鲜洁的大龟烹之作羹，调上饴蜜，

「排骨藕汤」

「八卦汤」

再与鸡肉合烹，和以酢酪，味道清香鲜润。可见湖北人用龟肉煨汤的历史何等悠久，烹调方法何等讲究。

在武汉有许多以煨八卦汤著称的餐馆。抗日战争前，以"佘胖子煨汤馆"最为著名；抗战胜利后，"筱陶袁"又取代了"佘胖子"的地位。1946年冬天，两个失业厨工陶坤甫和袁得照，在汉口兰陵路被飞机轰炸的废墟上，搭了个10多平方米的小棚，合伙卖豆浆、面窝谋生。生意十分清淡。他们看到大智路有一个卖八卦汤和牛肉汤的小店生意很好，便登门请教。回来改为卖八卦汤和牛肉汤，生意逐渐兴隆，于是更加精工细作，终于以味美价廉在顾客中赢得了信誉。许多顾客热情地说："这样好的煨汤，有个招牌不是更俏吗？"陶坤甫便同袁得照商量："我姓陶、你姓袁，三国时有个桃园三结义，我们俩也来个陶袁结义。我们店小，就叫'小陶袁'吧？"袁得照听了摇摇头说："小字只三划，三天就要垮台，不吉利！"老陶灵机一动说："有了，不是有个越剧名角叫筱牡丹吗？我们把'小'字改成'筱'字就可以了。"渐渐地，"筱陶袁"便在三镇出

「汤逊湖鱼丸」

了名，以后又改名为"小桃园"，如今的"小桃园"以汤菜名闻三镇。

鄂菜鱼馔在国内独树一帜，其品种之多、烹调之精为其他菜系所不及。大凡楚乡筵宴，必少不了一条全鱼，逢年过节，鱼菜更必不可少。

湖北的"圆子"可谓一绝。一般人们用动物性原料作圆子较多，因为动物肉类含有较丰富的胶原蛋白，具有一定的粘性，便于成型。而楚乡各地，不仅能用肉、鱼作圆子菜，还能用各种植物原料作圆子菜，如藕圆、豆腐圆、糯米圆、绿豆圆、黄豆圆、红苕圆等。圆子同汤和鱼一样，也是各种筵席不可缺少的一道菜。据说在筵席临近结束时端上一盘圆子菜，有"圆满结束""事事圆满"之意，这些饮食习俗和烹调特色，均带有浓郁楚乡气息，散发着江汉平原的泥土芳香。

风味小吃

在历史的长河中，湖北人民创造了许多风味各异的小吃。这些风味小吃是荆楚文化的物质再现。

● 湖北小吃的起源与发展

早在战国时期，屈原在《楚辞·招魂》中记述过楚王宫的筵席点心，如粔籹、蜜饵之类，这也就是甜麻花、酥馓子、蜜糖团子、糕点的雏形。例如粔籹就是如今的馓子，据庞元英《文昌杂录》云："今岁时，……油煎花果之类，盖亦旧矣。"贾思

「炸馓子」

飖《齐民要术》中也说:"细环饼,一名寒具,脆美。"所谓"细环饼",就是馓子,因其形状酷似妇女之环钏而得名。唐代诗人刘禹锡《寒具》诗曰:"纤手搓来玉数寻,碧油煎出嫩黄深,夜来香睡无轻梦,压褊佳人臂缠金。"曾经贬谪鼎州(今湖南常德)、夔州(今四川奉节)等地的刘禹锡不但对"寒具"(馓子)的制作、造型十分熟悉,而且还在字里行间流露出对制作者的同情与共鸣。迨及近现代,馓子一直是荆楚名牌风味小吃之一,有扇形与枕形两种。馓子的丝要粗细均匀,质地焦脆酥化,造型新颖别致。它既属点心,又可当菜食,为南方广大顾客所喜爱的传统风味小吃之一。

密饵,是用糯米和大米并加与蜜掺合做成的十分柔软、可口的食品,鄂湘等地俗称"团子"。这种食品,历史古老。先秦古籍《周礼·春官》中已有"羞笾之食,糗饵粉糍"的记载。汉代郑玄注云:"糗,熬米,使之熟又捣之为粉也。"宋代《东京梦华录》载述:"冬月虽大风雪阴雨,亦有夜市,……糍糕、团子、盐豉汤之类方盛。"可见其历史久远。

魏晋南北朝时,湖北已有众多的节令小吃,《荆楚岁时记》中有楚人立春"亲朋会宴啖春饼"和清明吃大麦粥的记述;《续齐谐志》介绍了楚地端午用彩丝缠粽子投水祭奠屈原的风俗;荆州刺史桓温常在重阳邀约同僚到龙山登高、品尝九黄饼。

唐宋时,湖北小吃创造出了许多流传至今的名品,如禅宗发源地黄梅五祖寺的白莲汤和桑门香(油炸面托桑叶),黄冈人新年祭祖的绿豆糍粑,秉承石燔法的应城砂子饼,可存放一旬的丰乐河包子,酷似荷花的荷月饼,以及泉水麦面香油煎的东坡饼等。

「米 粑」

明清两代,湖北小吃不断充实新品种,又推出孝感糊汤米酒,黄州甜烧梅,郧阳高炉饼,光化锅盔,宜昌冰凉糕,荆州江米藕,沙市牛肉抠饺子,江陵散烩八宝饭,以及武汉的谈炎记水饺等。《汉口竹枝词》中所谓:

"芝麻馓子叫凄凉，巷口鸣锣卖小糖，水饺汤圆猪血担，深夜还有满街梆。"这便是清末汉口小吃夜市的写照。

20世纪以来，湖北小吃有了较大的发展，品种增多，质量提高，出现了一些名特小吃，如四季美汤包，老谦记枯炒牛肉豆丝，蔡林记的热干面，归元寺的什锦豆腐脑，杨洪发的豆皮，金大发的红油牛肉面，曾天兴的炒汤圆，高公街的油炸米泡糕，怡心楼的一品大包，存仁巷的发米粑，顺香居的油香、油糍粑，老通城的豆皮等。

如果您有机会来湖北，丰富多彩的湖北小吃，一定会使您流连忘返。

◉ 湖北小吃的特色

粤、苏、浙的小吃，甜味令人难忘；川、湘的小吃，麻辣居多。而要用简短的语言来概括湖北小吃的特点，确实不是一件容易的事。湖北小吃之所以丰富多味，与湖北的地理位置有关系。湖北地处祖国中部，长江横贯其境内，可谓是得中独厚，得水独利。

从古至今湖北汇集了天南海北各地人，同时兼收并蓄了东西南北的饮食文化，湖北小吃无疑是在兼容各地风味的基础上广收博采，人为我用中发展起来的，呈现出各地小吃在此荟萃的特色。

在兼收并蓄中发展起来的湖北小吃，能够满足不同人的口味，适应天下人的需要。例如，作为地处九省通衢的武汉，每天的流动人口多达百万以上，这些人不可能是一种口味，一种饮食习惯，而武汉品种丰富、风味各异的各色小吃，正好满足众口的需要。即使是某一食品，也可任人调味，如武汉名吃热干面，芝麻酱、香醋、酱油、辣椒等都可根据自己的口味任意加入。而且正因为是大众食品，其价格也为一般平民所接受。

据此，也有人认为湖北小吃的特色不甚明显。事实上，细究起来，湖北小吃可概括以下几个主要特色：

第一，湖北小吃品种丰富，口味各异。

第二，湖北小吃的主料多为米、豆制品，兼及面、薯、蔬、蛋、

荆楚饮食文化

肉、奶。

第三，因时而异，轮流上市，一年四季，小吃的上市品种不相同。

第四，小吃是湖北人过早（吃早餐）的主要品种，武汉居民不论是春夏秋冬，都习惯在小食摊上过早，可谓是"神州一奇"。

第五，包容性强，对外来品种大胆移植和改进。

◉ 湖北名小吃的来历

湖北小吃在形成独特的地方风味的过程中，涌现了众多的名食名点，如东坡酒楼的"黄州烧麦"、孝感鲁元兴的"糊汤米酒"、武汉的"热干面"、老通城的"三鲜豆皮"、四季美的"汤包"、荆州聚珍园的"散烩八宝饭"、沙市好公道的"早堂面"、宜昌甜食馆的

「糊汤米酒」

"冰凉糕"、随州张三口的"羊肉面"、浠水味稀楼的"藕粉圆"、襄樊隆中酒楼的"炒薄刀"、光化马悦珍的"锅盔"、马口餐馆的"发面包"、阳新王腊子的"酥麻花"、鄂城大众酒楼的"东坡饼"、郧阳回民餐馆的"三合汤"、黄石挹江亭的"夹板糕"、蕲春酒楼的"糍粑鸡汤"、云梦的"鱼面"和汉川的"荷月"等。这些小吃都有其有趣的来历，兹择要介绍几种，以飨读者。

1.热干面

素有"九省通衢"之称的武汉，交通便利，商贾云集，为适应各地人的不同口味，武汉的小吃也就品种繁多、各具特色。其中最普遍而又最具特色的，是武汉的热干面。它与中国山西的刀削面、北方的炸酱面、四川的担担面、两广的伊府面齐名，合称五大名面。

热干面既不同于凉面，又不同于汤面，制法十分独特。它是将面条煮熟之后，拌上油，摊开晾干，吃时再放到沸水里烫热，加上佐料，即可食用。吃起来香气浓郁，耐嚼有味，独具特色，是驰誉全国的著名小吃。

「热干面」

武汉热干面的历史并不长，据说是在一个偶然的情况下形成的。大约在20世纪30年代初，汉口长堤街住着一个名叫李包的人，他每天在关帝庙一带卖凉粉和汤面。做小本生意的人，特别注意进货、出货数量，生怕亏本。但武汉是个出了名的火炉，夏天天热时更易使得食物变质。李包虽然平时很小心，但是有一天，时辰已近傍晚，他的面条还是没有卖完。李包担心面条发馊变质，就把剩下的面条用开水煮过摊在案板上，想保存到第二天再卖。忙乱之中，一不小心碰到了麻油壶，把麻油全泼洒在面条上了，散发出阵阵香气。李包正在懊恼之时，忽然又灵机一动有了主意，索性将所有的面条与泼洒的麻油拌合均匀，再摊凉在案板上。

第二天早上，李包将头天晚上拌了油的熟面条放在沸水里烫几下，滤出水，放在碗里，再加上卖凉粉所用的芝麻酱、葱花、酱萝卜丁等佐料，弄得热气腾腾、香气扑鼻，可谓三鲜俱全，诱人食欲。人们顿时涌了过来，争相购买，吃得津津有味，个个赞不绝口，都说从来没吃过这等美味的面条呢！有人问李包，这叫什么面，李包不假思索地脱口而出，说是"热干面"。又有好事者打听是从哪里学来的，李包半开玩笑半认真地说道："这是咱自己独创的。"人们当然信以为真。此后，李包便专卖热干面，由此，许多人向他学艺。

热干面一经问世，便普遍受到人们的喜爱。吃热干面的人越来越多，经营热干面的摊子也越布越广。二三年后，有个姓蔡的人学到了制作热干面的手艺，就在汉口的满春路路口开设了第一个专营热干面的馆子，挂起了金字匾额招牌，取财源茂盛之意，这就是驰名武汉三镇的"蔡林记"热干面馆。从此，武汉热干面的制作日趋讲究，风味更加完美。

现在，武汉三镇大大小小的餐馆、面食摊子都有热干面供应，特别是蔡林记的热干面光滑油润爽口，味道鲜美，独具特色，备受青睐。

与此同时，人们又在制作热干面的过程中，学会了制作凉面。20世纪三四十年

「蔡林记面馆」

代，武汉的餐馆很少供应凉面，多是一些沿街叫卖的挑贩在卖。挑贩多系衣履整洁、年轻力壮的汉子。一副面担用白桐油鬃得白里透亮，栗木扁担两端镶黄铜云头，显得金光闪闪。担子一头反扣一盆洁白晶莹的凉粉，上面加盖几层崭新的白毛巾；另一头是一堆金黄油光的银丝凉面，并配以十来个白瓷小罐，除了酱油、麻油、辣椒油、芝麻酱之外，还有姜汁、蒜水、香醋、味精、胡椒粉、虾米、蜇皮、绿豆芽，外带榨菜、红萝卜、大头菜三样碎成的细末。一碗凉粉或凉面，调配上列十多种佐料，再瞧瞧从人到物的那份清爽打扮，谁见了不馋涎欲滴呢？最有趣的是他那盛面的碗，碗底足有2寸高，碗面直径约4寸，却没有深度，像一个高脚瓷盘，盛满10碗也没有1斤。吆喝起来的声调是："哎——撩撩撒撒呵——"这声音听起真是有些特别，其实叫嚷的还是"凉粉凉面"，因为是别着嗓子叫唤，听起来就成了"撩撩撒撒呵"！湖北方言"撩撒"就是"容易"的意思，是说本小利大，赚钱容易也！

如今，在武汉的夏天，凉面常与热干面一起卖，成为市民喜欢的小吃品种。

2.老通城的豆皮

江城武汉的风味小吃品种很多，誉满海内外的名点也不少，其中老通城豆皮更是首屈一指，美名远扬。

「昔日老通城」

"老通城"，原名"通城"饮食点，是1929年汉阳人曾厚诚在大智路口开办的。开张之初，只供应早、中、晚点。1947年，抗日战争胜利后，曾厚诚携家从重庆返回武汉，在原址复业，大肆修饰，扩充店堂，增加经营品种，改招牌为"老通城"食品店，以示其资格老、排面大。

食品店老板曾厚诚是经营饮食业的行家，他想，再经营一般的小吃不会有大起色的，必须有叫得响的名产品撑住门面，才能使生意红火。几经打听访探，了解到曾在武汉几处工作的名厨高金安制作豆皮的手艺出众，于是便以重金聘用，有意以高金安师傅的拿手"三鲜豆皮"为突破口，作为本店产品的特色，并在三楼高处安装"豆皮大王"的霓红灯，招徕顾客，这一招果然大奏奇效。

豆皮原是湖北农村的食品，传到城市，用糯米、香葱作馅子，很受食客欢迎。武昌王府口"杨洪发豆皮馆"开业于清同治年间，是武汉最早的豆皮馆，当时只是出售光豆皮，颇具有油重、外脆、内软特色，人称"杨豆皮"。

「老通城豆皮」

高金安师傅之所以被称为"豆皮大王"，是因为他善于琢磨，在民间制作技术的基础上，经过精工细作，用大米和绿豆磨的浆粉烫成豆皮，最初因配鲜肉、鲜蛋、鲜虾仁作馅制成，故以"三鲜豆皮"而得名。尔后在馅里又配有猪心、猪肚、冬菇、玉兰片、叉烧肉等，制馅十分讲究。煎制出来的豆皮，色泽金黄，外酥内软，两面油光透亮，吃起来爽口，且回味香醇。由于其豆皮选料严格，用料齐全，制作精细，形成了一种独特风味。由此可见，老通城豆皮的独具一格，不是一朝一夕之功，也非一人一手之劳，而是经历了一个较长发展阶段，是博采众长而制成的。正如"豆皮大王"高金安所言："不能说武汉豆皮由我高金安首创，因为在我之前已有不少的同行前辈，我是吸取他们的经验，并有所改进。"

名噪武汉三镇的老通城豆皮，具有皮薄色艳、松嫩爽口、馅心鲜香、油而不腻的特点，武汉人一提起它，总是津津乐道，夸不绝口。真正使老通城豆皮美名远扬、驰誉国内外的，是新中国建立以后，许多名人、要人的亲口品尝和赞扬。

1958年，毛泽东主席视察武汉时，曾品尝过三鲜豆皮，并赞美它味道好、有特色，从此，老通城豆皮更加名声大振。据说，毛泽东主席曾四次品尝老通城豆皮，都是由该店"豆皮大王"高金安和"豆皮二王"曾延林分别

「毛主席与老通城豆皮员工合影」

执厨做出来的。在这之后，到过武汉的中央领导人如周恩来、刘少奇、董必武、邓小平、贺龙等，也都品尝过老通城豆皮，无不大加称赞。许多外国贵宾和友好人士参观、访问武汉，都曾光临老通城，亲口品尝三鲜豆皮。至于海外归国华侨和港澳同胞及外地慕名者，更是难以计数。久而久之，老通城豆皮的名气越传越远，真是闻名遐迩，蜚声中外。

3.四季美的汤包

说起四季美汤包，江城老武汉市民无不津津乐道。这种小笼汤包味美好吃，独具一格，确实名不虚传。那"自然肥"发面，使汤包皮不吸汤、不梗牙，风味独特，脍炙人口。正如清人林兰痴赋《泡包》诗云："到口难吞味易尝，团团一个最包藏。外强不必中干鄙，执热须防手探

汤。"这首诗突出的描写了汤包的内藏热汤，"到口难吞"，且易烫手的特点。

> 当你初次品尝汤包时，千万要留意小心，切勿性急一口咬下去，而是要用筷子夹住后，先咬破包皮吸取汤汁，然后再吃包子。否则，吃法不当，汤汁喷出，就会烫伤嘴巴，甚至会弄脏衣服。

小笼包，原是下江风味的小吃食品，最早源于镇江。武汉自古商旅云集，饮食汇集各地风味，小笼汤包被引进后，不断革新，便逐渐成为了武汉著名的美点。"四季美"汤包的问世、演变、发展，直到形成鲜明的地方特色风味，有一段历史过程。

据说，清末民初时期，在汉口回龙寺、长堤街一带，就曾出现了几个经营小笼汤包的临街小食摊，颇受广大食客的青睐。

1922 年，汉阳人田玉山，在交通路旁边的一个小巷内，开了个熟食店，经营小笼汤包和猪油葱饼。这个店是个只有几张半圆桌靠墙摆设、小而窄的店堂，取名叫"美美园"。因地处闹市，生意颇为红火。

「四季美汤包」

1927 年，武汉"四季美"汤包馆开业，当时店名之意是取一年四季都有美味供应，如春炸春卷，夏卖冷饮，秋炒毛蟹，冬打酥饼等。后来，该店第一代门人，被誉为"汤包大王"的名厨钟生楚，潜心研制汤包。他吸取历代名师经验，又根据本地人的口味，在配料和制作技巧上进行了改进，使汤包皮薄、馅嫩、汤鲜、花匀，从而形成四季美特有的小笼汤包。刚出笼的四季美汤包，佐以姜丝、酱油、陈醋等进食，别具风味。凡是往来武汉的外地游客，总会有"不进四季美，枉来三镇游"的感叹。

四季美汤包吃起来滋味香美，制作起来程序严格：第一步熬皮汤，做皮冻；第二步做肉馅；第三步制包；最后"一口气"火候，都要一丝不差。用料也很讲究，肉皮要绝对新鲜的，肉馅要一指膘的精肉，蟹黄汤包要用阳澄湖大鲜蟹等，不得以次充优。如此食鲜物美，自然倍受江城人民的宠爱。

四季美汤包这一诱人的美食，不仅是广大民众欢迎的风味小吃，而且也是贵宾宴席上的佳肴。在中国共产党八届六中全会期间，毛泽东等中央领导同志，都曾多次品尝四季美汤包。朝鲜人民的领袖金日成将军也品尝过四季美汤包，对其赞不绝口，给予了很好的评

「昔日四季美酒楼夜景」

价。还有许多社会名流也曾先后慕名而来品尝，一饱口福。

4.云梦鱼面

"去雁远冲云梦雪，离人独上洞庭船。"这是唐代诗人李频对湖北云梦景物自然美的形象描写。云梦，古称云梦泽，亦曰曲阳（即以宋玉对楚王问阳春白雪之曲得名）。又因古时这里曾是楚襄王建都和游猎之所，故又有"楚王城"之称。

云梦，历史悠久，物产富饶，素为鱼米之乡。这里有许多土特产，其中云梦鱼面更是别具风格，味道鲜美。

云梦鱼面系用上等鲜鱼的肉泥，掺和上等面粉精工细作而成。它有两种吃法，一种是面条做成后即时煮熟，加上佐料，即可进食；另

一种是面条做成后晒干包装起来，可以长期贮存，吃时煮熟即可。云梦鱼面作为地方传统特色面食，早已驰名遐尔。

「云梦鱼面」

关于云梦鱼面的产生，据说纯属偶然，《云梦县志》对此曾作过记载。清朝道光年间，云梦城里有个生意十分兴隆的"许传发布行"，由于来这个布行做生意的外地商客很多，布行就开办了一家客栈，专门接待外地商客。客栈特聘了一位技艺出众、擅长红白两案的黄厨师。有一天，黄厨师在案上和面时，不小心碰翻了准备氽鱼丸子的鱼肉泥，不好再用，弃之又可惜。黄厨师灵机一动，便顺手把鱼肉泥和到面里，擀成面条煮熟上桌，客商吃了，个个赞不绝口，都夸此面味道鲜美。以后黄厨师就如法炮制，并干脆称之为"鱼面"，这样，鱼面反倒成了客栈的知名特色面点。后来有一次，黄厨师做的面条太多了，没煮完剩下了很多，黄厨师就把它晒干。客商要吃时，就把干面条煮熟送上，不料味道反而更加好吃。就这样，在不断的摸索和改进之中，风味独特的云梦鱼面终于成为一方名点了。

云梦鱼面之所以味道特别鲜美，自然离不开云梦所具有的得天独厚的特产资源条件。《墨子·公输》曾记载："荆有云梦，犀兕麋鹿满之，江汉之鱼鳖鼋鼍为天下富。"由于盛产各种鱼鲜，故以所产鱼面最为出名。云梦民间流传歌谣有："要得鱼面美，桂花潭取水，凤凰台上晒，鱼在白鹤咀。"说的是城郊有一"桂花潭"，清澈见底，潭水甘美；"凤凰台"距桂花潭不远，地势高阔，日照持久；城西府河中"白鹤分流"处，所产鳊、白、鲤、鲫，鱼肥味美，是水产中之上乘。当初偶然制成了鱼面的黄厨师，后来专门潜心研制鱼面，他采用的就是"白鹤咀"之鱼，取鱼剁成蓉泥，用"桂花潭"之水和面，加入海盐、掺和、擀面等工序，放置"凤凰台"上晒干，收藏。精心制作的鱼面，不仅用来招待客商，而且"许传发布行"的老板还用来作为礼品，馈赠来自各地布客，使得云梦鱼面广泛流传。

云梦鱼面的生产，由于经过不断地研制加工，质量愈做愈精，其面皮薄如纸，面细如丝，营养十分丰富，食之易于消化吸收，并且有温补益气的作用，被人们美誉为"长寿面"。此面不仅国人称赞，1915年，为参加"巴拿马国际商品大赛"，鱼面师精心地把一斤斤盒装鱼面，都切成"梁山刀"（即108刀），色白丝细，从而征服了洋人，使其荣获银奖，因之驰名国际市场。

5.东坡饼

东坡饼，是楚乡湖北传统风味名点。此饼是以上白面粉为主料，配用鸡蛋清及盐、糖等调料，经油余而成。东坡饼形似花朵，色泽金黄，松酥爽脆，醇厚香甜，质味俱佳，深受人们喜爱。

提起东坡饼，人们不仅赞赏它的味道美，更津津乐道它的来历，因为它与著名文学家苏轼有密切关系。

相传，在北宋神宗元丰二年十二月（公元1079年），苏轼因作诗讽刺新法（即所谓"乌台诗案"）被朝臣李定、舒亶、何正臣等人作为把柄，抓住不放，深加追究。他们上本神宗皇帝，说苏轼反对新法，讥谤皇上，加以弹劾，逮捕入狱。后因神宗怜其

「把酒问青天——美食家苏东坡」

才，得以释放出狱，被贬至黄州任团练副史，以文官武用，实际上是个有职无权的闲职。初居黄州东南定惠院时，苏轼常闭门谢客，饮酒浇愁。后侨居黄州东坡，自号"东坡居士"。

由于多次遭受打击，政治上失意，心中忧虑，这时，鄂城西山便成了苏轼消愁解闷的世外桃源。他常与友人泛舟南渡，游览西山，观赏菩萨泉，吟诗作对，还与西山灵泉寺长老交往甚密，并结成莫逆之交。而苏轼

特别喜爱菩萨泉，甚至以菩萨泉代酒送别友人，他曾作诗云："送行无酒亦无钱，劝尔一杯菩萨泉。何处低头不见我，四方同此水中天。"真是君子之交淡如水。

苏轼以泉水代酒，以诗文会友，在黄州期间渐渐交结了一批知心朋友，他们也不时邀请苏轼小聚。西山灵泉寺的寺僧，得知苏轼酷爱菩萨泉，又喜爱吃油炙酥爽食品，于是，有一次邀请苏轼时，别出心裁，汲取菩萨泉之水烹茗，并调制上好小麦面粉，用香油煎饼款待苏轼。看到这色艳诱人的香油煎饼，苏轼食欲倍增，食用后更是觉得别具风味，大为赞赏，面带喜色地对寺僧曰："尔后复来，仍以此饼饷吾为幸！"从此，每访必食之。

> 苏轼也可说是一位美食家，对食品的色、形、味自有一番研究。在与灵泉寺寺僧的交往中以寺僧特制的香油煎饼为基础，又通过精心设计、改进、研制成一种油氽"千层饼"。此饼异常酥脆，外形独特，口味甚佳，故很快传了出来，一些糕点师傅纷纷仿制。由于这种饼具有香、甜、酥、脆的突出特色，加上人们对"东坡居士"的敬慕，故将此饼以东坡大名冠之，即称誉为"东坡饼"。

西山灵泉寺制作"东坡饼"，有着得天独厚的自然条件，其菩萨泉水清澈甘美，含有人体生理机能需要的多种矿物质。用此水合面不用加矾碱，因属于重油制品，故所制成的东坡饼具有自然起酥的特点。

「东坡饼」

现在东坡饼这一闻名中外的地方特产，越来越受到广大人民的青睐，特别是到黄州东坡赤壁或鄂州西山寺游玩的客人，都要品尝东坡饼，甚至还有"未尝东坡饼，空往西山行"之说。由于东坡饼形美、色优、味佳，且具有历史意义，因此很多游客总会稍带一些，把它作为珍贵礼品馈赠给亲朋好友。现在一些城市商店食品柜上，也都摆出了配以精美包装的东坡饼，使更多的人都有机会品尝东坡饼，一饱口福。

荆楚饮食民俗

有些学者认为，所谓荆楚文化是一种广义的概念，"是指昔日楚地疆域上从古至今所形成的文化，是一种历时性的文化，以内涵言，是物质文化和精神文化的合成，以地区中心论，又主要是指两湖文化"。而本书中的荆楚饮食民俗也可作如是观。

◉ 荆楚饮食民俗的特点

荆楚饮食民俗的特点主要表现在以下四个方面：

1. 大米和淡水鱼鲜是人们日常饮食中重要的主副食原料

所谓"鱼米之乡"是对荆楚地区饮食结构最准确的概括。大米是本地一日三餐不可缺少的主食原料，在一些乡村地区，早餐是大米粥，中晚餐是大米饭，大米占摄取量的 70%~80%以上。大米产量大，食用广，加工方法也很多，除了常见的大米粥、饭等主食外，还可制成米糕、米豆丝、米粉丝、米面窝、米泡糕，以及用糯米制成的汤圆、年糕、糍粑、欢喜坨、棕子、凉糕、米酒等小吃品种。大米还可以作菜，最常见的是作粉蒸菜，如粉蒸肉，肉有粉香，粉透肉味，风味独特。另外是将糯米与其他原料拌合，作出所谓的"珍珠菜"，如珍珠圆子、珍珠鮰鱼等。由此可以证明大米在人们饮食生活中的重要地位。

> 荆楚民间素有"无鱼不成席"之说。鱼在荆楚人的餐桌上扮演了十分重要的角色。荆楚拥有鱼类 170 多种，常见经济鱼类有 50 多种，产量约占全国 16%。

荆楚人爱吃鱼，逢年过节，少不了一道"红烧鲢鱼"，以图"年年有余"之大吉；婚庆席上，少不了一道"油焖鲤鱼"，以祈"多子多孙"之预兆；酒店开张，免不了一道"黑鱼奶汤"，以求"恭喜发财"之大利。荆楚人会吃鱼，光鱼的烹调方法就不下30种，如红烧、油焖、氽、清蒸、焦溜、水煮等。加工方法多样，如鱼块、鱼片、鱼条、鱼饼、鱼圆、鱼面、鱼糕等，光是鱼类菜肴多达1000多种以上。荆楚人吃鱼还积累了许多经验，如什么季节食什么鱼，到什么地方食什么鱼，什么鱼吃什么部位最好，什么鱼用什么烹调方法最好，都很讲究。

2.以"蒸、煨、炸、烧"为代表的烹调方法和以"咸鲜"为主的口味特征

「梅菜扣肉」

"蒸"是荆楚地区广泛使用的一种烹调方法，不仅鱼能蒸、肉能蒸，鸡、鸭、蔬菜也能蒸，尤其是在仙桃市（原沔阳县）素有"无菜不蒸"之说。荆楚地区蒸菜十分讲究，不同的原料、不同的风味要求各有不同的蒸法，如新鲜鱼讲究"清蒸"，取其原汁原味；肥鸡肥肉讲究"粉蒸"，为了减肥增鲜；油厚味重的原料讲究"酱蒸"，以解腻增香。荆楚名菜"清蒸武昌鱼""沔阳三蒸""梅菜扣肉"是这三种蒸法的代表作。

"煨"也是极富江汉平原地方风格的一种烹调方法。逢年过节家家户户少不了要"煨汤"，汤清见底，味极鲜香。

此外，"炸""烧"的烹调方法使用也十分普遍。民间称做菜叫"烧菜"，腊月二十八准备春节食品叫"开炸"。可见炸、烧在楚地民间应用之广泛。

荆楚口味以"咸鲜"为主，调味品品种单调，过去许多地方都是"好厨师一把盐"，基本上不用其他调料。在一些乡村的筵席菜点中，所有的菜几乎都只一个味——咸鲜。这种口味特征可能与楚人爱吃鱼有关，因为鱼本身很鲜，烹调鱼时，除了需加少许姜以去腥味外，调味品只需盐则足矣。

3．"无鱼不成席""无圆不成席""无汤不成席"集中反映了荆楚筵宴的风格

"无鱼不成席"是因为鱼味道鲜美、价格便宜、营养丰富，更重要的是鱼富含寓意：多子、富裕、吉祥、喜庆等，所以"逢宴必有鱼，无鱼不成席"。

"无圆不成席"是说荆楚人特别喜欢吃"圆子菜"，如鱼圆、肉圆等。荆楚人不仅可用动物原料作圆子，而且还善于用植物原料作圆子菜。如：藕圆、萝卜丝圆、绿豆圆、糯米圆、豆腐圆、红薯圆等等。同鱼菜一样，圆子菜也是各种筵席不可缺少的。在民间，肉圆子是筵席中的主菜，它的大、小、好、坏往往是衡量该桌筵席档次的重要标准。在鄂东南一带还盛行一种"三圆席"——以肉圆、鱼圆、糯米圆为领衔菜组成的一种筵席。以连中"三元"（解元、会元、状元）寓祝福之意。故民间举办婚嫁、喜庆筵席必用"三圆席"，以示吉祥如意，事事圆满。

「天门蒸鱼元」

荆楚人爱喝汤，举凡筵宴都少不了一钵汤。汤的制法多样，有汆、有煮、有熬、有煨、有炖。汤的原料丰富，有鱼、肉、蔬菜、水果、野味、山珍等，都是良好的原料。汤菜品种繁多，高级的有清炖甲鱼汤、长寿乌龟汤，中档的鮰鱼奶汤、瓦罐鸡汤、野鸭汤等，低档的有汆圆汤、三鲜汤、鲫鱼汤等。这种爱喝汤的饮食习惯可能与荆楚人偏爱咸鲜的口味和荆楚大地冬季寒冷，借汤驱寒；夏季炎热，借汤以开胃补充水分、盐分的需要有关。

4．吃鱼讲究多

荆楚地区筵宴不仅是"无鱼不成席"，而且，年节筵宴还讲究"年年有鱼"，即鱼是看的，而不是吃的。鱼作为长江中游地区人们日常生活和宴请的一道必不可少的菜肴，其品种也可谓繁多。每逢新春佳节，家家户

户吃团圆饭的时候，都必然有一盘全鱼，取其年年有余之意。或红烧、或清蒸、或溜炸，但是，怎么个吃法，各地有各地的习俗。

> 在我国长江流域的荆楚地区，鱼是整个宴席的最后一道菜，基本上是端出来摆摆样子，谁也不去吃它，这意味着这条鱼是今年剩下来的，留给明年。还有一些地区，一上热菜就是全鱼，一直摆在桌子的中间，直到宴会快结束时，人们才动筷子。这两种吃鱼的习俗，都是人们所寄托的一种期望，希望家业发达，"年年有余"的象征。

在举行婚宴时，一般也离不开全鱼。这道菜一般是在酒过三巡后上的，吃的时候要注意，只能吃中间的，鱼头和鱼尾都要完好地保留下来，最好是连中间的脊骨都不要弄断，因为这是一种对新婚夫妇白头偕老的美好祝福。当然，有时鱼很大，盘子盛不下，在这种情况下，掌刀的厨师可将鱼的中段切掉一块，但吃的时候仍然要有头有尾。

「清蒸武昌鱼」

鱼是长江流域人民所喜爱的一种菜肴，它可煎可煮，可炸可熘，可腌可卤，可糟可爆，味道各不相同，大宴小宴都离不开它。在吃鱼的时候伴随着许许多多习俗的产生，一直流传至今。在不少山区，在上鱼这道菜的时候，必须把鱼头对着长辈或尊贵的客人，鱼头对着谁，谁就必须先饮三杯，因为这是主人对客人的敬重，而后鱼头所对的人开始吃鱼，其他人才可以吃。如果在他还没动筷子吃鱼时，别的人先去吃鱼，就必须罚酒三杯。有些地方还在鱼头上点一点红，以示吉庆。

在水上吃鱼，那就更有许多讲究了。大鱼上桌时，必须将鱼头放在船老大，或者是驾驶舵手面前；鱼尾放在舢板小老大处；捕鱼手吃鱼的中段；其他人只能吃放在自己面前的鱼。在渔船上吃鱼，要先吃上半片，吃完后把鱼骨头拿掉，再吃下半片，只顺着吃，切不可把鱼翻过身来吃。渔民们在"三面朝水，一面向天"的渔船里，最忌讳的就是一个"翻"字。

长江流域中一些山里人还爱吃一种"熏鱼"。就是把鱼洗净晾干后，吊在灶口上让烟熏，然后在锅里放上少许米或糖，上面架上甑皮（一种用竹片编架起来用来蒸东西的工具），再把经过烟熏的鱼洗干净后放在上面，用文火慢慢地熏烤，一边烧，一边在鱼身上涂一些红酒糟，直至锅里的米或糠完全烧焦为止，便可食用了。这种熏鱼味道奇香，带有浓郁的酒糟味，咬起来带有弹性，便于保存。所以，山里人把它切成片后，作为正月里人来客往的一种最好的下酒菜。

事实上，我国其他地区对吃鱼也有很多讲究，赫哲族的许多婚姻就是在捕鱼过程中结成的良缘，他们常常以"杀生鱼"来款待客人。杀生鱼多用鲤、草根、鲟、鳇、胖头等鱼为原料。先将鱼肉从骨头上剔下两整块，切成连接的鱼丝，从鱼皮上片下来，然后伴以用开水烫过的土豆丝或绿豆芽，以及粉皮或粉丝等，再拌以辣椒油、醋、酱油、食盐等，食之清香可口，别具风味。特别是在春节期间，家里若来了客人，好客的主人就先泡上好茶，摆上瓜子，然后拿来两条鱼，麻利地用刀把两边的肉取下来，用前述的方法为客人制作成一盘精美的杀生鱼，随后又端上几碗红通通、透明发亮、大如黄豆的大马哈鱼籽和焦黄得肉松一样的鱼卷，这已经成为赫哲族人民的待客习俗。

居住在长江上游的贵州、贵定、福泉一带的苗族，每年的三月初九是他们的"杀鱼节"。这一天，人们来到河边，从河里叉起一条条鲜鱼，就地架起铁锅，燃起篝火，用河水煮着鲜鱼，喝着米酒，吹起芦笙，唱着山歌，祭天求雨。祝愿风调雨顺，五谷丰登。

此外，水族老家中老人死了，亲戚朋友送祭品时，必须要有鱼，端午节要吃"鱼包韭菜"；云南的傣族在过中秋节时也必须从池塘里抓鱼；侗族秋收季节在田边燃起篝火，用树枝穿在鱼嘴里，在火上"烤鱼"。喝着糯米酒，手撕着烧鱼，就着糯米饭，把酒品鱼，山歌四起，一幅农家乐的图画展现在人们的面前。

鱼是人们所喜爱的，由它产生的一些习俗，在长江流域的一些地区，有的正渐渐地消亡，而有的却被人们一代一代的传了下来。

◉ 荆楚节令、婚嫁、生育饮食民俗

荆楚地区的节令、婚嫁、生育等活动中，也有丰富多彩的饮食内容，值得回味。

1. 节令食俗

春节，俗话说："腊八过，办年货。"家家户户腌腊鱼腊肉、碾糯米粉、泡糯米打糍粑、做小吃、打豆腐、宰牛鸡、福（伏）年猪（民间过年杀猪叫"福"，福作动词用）。直至腊月二十八晚"开油炸（锅）"，将年饭食品全部准备完毕。二十九或年三十日，将家中水缸储满水，以后三天不能挑水。腊月三十除夕夜，家庭举宴，长幼咸集，多作吉利语，名曰"年夜饭"。关于吃"年饭"的时间，各地不尽相同，有的是早晨，有的是中午，也有的是晚上，但不管什么时间，其食品之丰盛、进餐礼俗之讲究是任何筵宴不可比拟的。

正月初一开始，亲戚朋友相互拜年，彼此相邀畅饮，从正月初一至十五止，民间谓之"请年酒"或"吃新年酒"。这段日子里真是"灶里不断火，路上不断人"。

端午节时，在荆楚地区除吃粽子外，在鄂东南地区，端午节还要吃糯米饭或包裹糖馅的糍粑，有的还吃麦面馍。江汉平原地区，端午节兴吃芝麻糕、绿豆糕、盐蛋、鳝鱼。家家户户要腌一些鸡蛋、鸭蛋。在这天，农村小孩在胸前挂上一个用线网装着的咸蛋，互相逗乐。端午节还是食鳝鱼的最佳时节，这个时候鳝鱼肥美味鲜。《汉口竹枝词》中"艾糕箬粽庆端阳，鳝血倾街秽莫当"，即是这一民俗的真实写照。

中秋食月饼自古已然。鄂北一些地方，中秋节还有吃馒头或包子的习俗。荆江一带，中秋节还必食鸡蛋煮米酒。在武汉市，每逢中秋节板栗喷香，"仔鸡烧板栗"成了家家户户餐桌上的必备菜肴。

除了上述三大节日之外，三月初三"上巳节"（又名荠菜花节）的饮食习俗尤具地方特色。是日，家家采地米菜煮鸡蛋吃，俗以为上巳日吃了地米菜煮鸡蛋可以清毒、防暑、免灾、治头晕。《汉口竹枝词》载："三三令节重厨房，口味新调又一桩。地米菜和鸡蛋煮，十分耐饱十分香。"记录了上巳节汉口地区的饮食习俗。

「竹筒粽子」

2．婚嫁食俗

婚嫁食俗是婚嫁活动中的一个重要方面。它的内容十分广泛，地区差异性也很大，这里仅对一些比较有特色的食俗内容作一介绍。

婚嫁食俗从相亲开始。鄂东南地区，如果丈母娘对新上门的女婿看不中，会做一碗鸡蛋面条给小伙子吃，若是明智的小伙子，他就会知道吃了鸡蛋就该"滚蛋"了。如果双方家长相看中意，则由男方提出订婚。民间订婚要备办订婚礼物（俗称聘礼），聘礼中有些食物是必不可少的，菜叶就是其中之一。明人郎瑛《七修类稿》中引《茶疏》说："茶不移本，植必子隆。古人结婚，必以茶为礼。取其不移植之意。"可见聘礼用茶，有"一经订婚，决不解毁（改悔）"之意。

女儿出嫁，家母要在嫁妆中放一些具有特殊意义的食品，以示期望。如在被子角放上红枣、花生、桂圆、瓜子等，取其"早生贵子"之意；或在马桶（旧时一般用痰盂）里放一些煮熟染红的鸡蛋和筷子，谓之"送子"。

新婚之日，男方要大摆宴席，民间谓之"喜酒"，婚宴一般分两天举办。第一天迎亲日，名为"喜酌"，第二天名为"媒酌"。喜酌的赴宴者为三亲六戚，媒酌的赴宴者为亲朋好友。在鄂东南地区，婚宴正式开始前，要先行一个"茶礼"。新娘在姑子的陪同下，给入席坐定的客人倒"喜茶"（旧时为红糖水），名为倒茶，实为认亲。小姑子给新嫂子介绍客人的称谓，新娘随后喊一声"××请用茶"，客人站起，接过茶杯喝完后，将早已准备好的红包放进杯中，新娘收起红包，再给下一位倒茶。一一倒完，茶礼结束，婚宴开始。

在民间，婚宴菜品的构成都有特殊的规定。农村许多地方，婚宴菜肴还有吃菜、看菜、分菜之别。所谓"吃菜"，即是供客人在席桌上吃的菜。按理说，筵席上的菜肴都是可以吃的，但出于某种礼仪，有的菜却只能看而不能吃，谓之"看菜"。因为这道菜象征着某一种意义，此时它已成为某种寓意的寄托物。所谓"分菜"是指给赴宴宾客带回来吃的菜肴。分菜一般是炸制或烧制的无汁或少汁菜，常作成块状或圆子状，便于分装携带。菜肴一上桌，由席长或同席长辈分给每位客人，客人取出早已准备好的布袋或手巾包好带走。

3.生育食俗

十月怀胎，饮食为要。在民间，女妇怀孕后，为了达到预想的生育目的（生儿或生女）和顺利生产，总是采取一些饮食手段来加以影响。如：要求孕妇多吃龙眼（干品叫桂圆），以为多吃龙眼，生的孩子眼睛会像龙眼一样又大又明亮。荆沔一带，长辈总要孕妇吃藕，因藕多孔，多吃藕，希望孩子将来又白、又胖、又聪明，多长心眼。还有的地方要求妇女多吃猪脚，以求孩子将来走步早，会走路。

民间除了鼓励、要求孕妇吃某些食物外，还禁止孕妇吃某些食物，如牛肉，说是吃了牛肉，小孩身上会多毛；禁止吃狗肉，以为狗肉不洁，食后会导致难产；有的地方还忌吃生姜，认为孕妇吃了生姜，出生的孩子可能是六指。此外，有的地方为了达到预期的生儿、生女目的，常采取一些饮食手段加以影响，如"咸男淡女""酸男辣女"等，不一而足。

产妇进补最主要的方式是喝老母鸡汤，所以亲戚朋友送礼大多都是送鸡，产妇产后一般要吃二三十只鸡。有的地方还用红糖进补产妇，说是红糖可补血。"产前一盆火，饮食不宜暖；产后一块冰，寒物要当心。"这是民间对产妇饮食的科学总结。

孩子出生后，亲戚朋友都要前往祝贺，主家则要设宴款待。亲朋好友送的礼物大多数是吃喝的东西，如鸡、鸭、肉、面条、糯米等。主家则举行隆重的"满月宴"或"九朝宴"来款待。

湖湘饮食文化

　　在历史的长河中，湖南人民凭藉优厚的自然资源，以惊人的智慧才能，创造出了享誉世界的饮食文化，这就是湘菜。

湖湘饮食文化的起源

　　湖南新石器时代遗址以洞庭湖一带最为密集，重要的有澧县彭头山、宋家台、丁家岗、华容车轱山等。湖南地处长江中游，湘资沅澧水系网贯全境，总汇入洞庭湖。土地肥沃，气候湿润，有着人类赖以繁衍生息的优越自然条件。考古发掘材料证实湖南是我国古代文化发达的地区之一。

　　在湖南新石器时代华容车轱山遗址中，发现了稻谷壳、炭化的大米和储存大米的窖穴。另外，在澧县彭头山、八十垱新石器时代遗址中还亦发现稻谷遗存。这些稻谷遗存的出土，证实了湖南先民们在 8000 年以前，除了以采集和狩猎获得食物外，稻米亦作为饮食的一个来源。在这些文化遗存中发现了大量精美的饮食器具和与饮食有关的陶器。

　　陶器在湖南先民生活中的使用，标志着人们的饮食生活由"食草木之实，鸟兽之肉"向蒸煮熟食生活演变，对人类的进化有重大意义和深刻影响。

　　湖南新石器时代遗存中还发现许多鹿、猪、狗等家畜骨骼和捕鱼用的网坠，狩猎用的石球和箭镞，因此，湖南先民们在饮食种类上除食用大米、瓜果外，各种肉类和鱼也是他们主要生活的食料。这说明在新石器时代，湖南先民的食物种类是很丰富的。这为湖南饮食文化的发展，特别是湘菜的形成奠定了深厚的基础。

　　春秋战国时期，湖南为楚国南境，因此，饮食风貌带有很深的楚文化烙印。这时，屈原放逐沅湘，在颠沛流离中他广泛地接触到楚地民间的宗教、饮食等风俗民情，并写下了《楚辞·招魂》。从《招魂》中，不仅能看到楚地食品之丰富，选料之精细，烹饪技艺之高超，还可以体察到其调味的考究。《招魂》虽说是一部文学作品，但其表现出的饮食文化是源于现实生活的，至少可以反映这一时期上层贵族奢侈的饮食生活。尤其重要的是，通过《招魂》，可以依稀看到湖南饮食喜嗜酸辛风俗的渊源。与此同时，在楚国民间，饮食制作还保留着原始古朴的一面，例如，在煮食米饭上，除采用一般的炊具外，有时还就地取材煮食。荆楚多竹，山民在外干活，往往以竹筒为炊具，凿一小孔将淘洗的大米和水置于其中，堵实，捆以草绳，外涂稀泥，直接置于火中烧烤。熟后将竹筒洗净，一劈为二，一截竹筒，既为炊具，又为盛器，简省方便，且饭食特别清香。还有折竹枝、木条为筷，于是推测中国特殊进食工具筷子的起源，可能与此有关。

以树叶、草叶包裹米、麦煮食，亦为荆楚民间一大特色。楚地多阔叶植物，为包裹米麦提供了方便。如粽子，是用嫩芦苇叶（湖区）或粽竹叶（山区，其长尺余，阔 6~8 厘米）包糯米，用棕树叶系牢，然后煮食。农家所做粢粑，往往以芭蕉叶裹严，放于炭火中烧烤。还有荞、麦饼，往往以油桐树叶包严煮食。用此法做出的食物，带有树、草叶的清香，特别可口。从世界食物炊煮方法的发展谱系看，这种方法相当原始，且极为简便，应该是在鼎、釜、甑、鬲等炊器发明以前，原始时代人们将小颗粒的谷米加工成熟食时所常用的方法。至于大块茎的植物如红薯、芋头，不必包裹可直接烧烤至熟，食用时较米、麦、粟等方便得多。因此，南方民族常见的五月端午包粽子，应该是今天人们对于远古时代野地生活的美好回忆。

民间副食的制作，亦不乏原始的成分。熟食禽、兽、鱼、蚌，也见有不用锅釜炊具者。湘西猎获得猎物，往往直接以火烤食。民间一些偷鱼贼在偷鱼前，先取一鱼，盗首以此鱼祭神，然后以荷叶之类包裹，置柴火中烧烤食用。据说行此巫术之后，满池大鱼盗尽而不会被人发现。此当为原始捕鱼巫术之残余。古代荆楚，地广人稀，出外狩猎捕捞，皆人迹罕至之处，又不便携鼎、釜、瓢、盆，只能因地制宜，随处取竹木草叶，以为炊具，以供熟食。这种古老的方法，今日只在特殊场合偶而为之。

以上这些材料，都为《楚辞·招魂》中所谓"食多方些"提供了充分的证据，也说明颇具特点的湘菜正在孕育之中。

到秦汉时期，湘菜逐步形成了一个从用料、烹调方法到风味风格都比较完整的体系，其使用原料之丰盛，烹调方法之多彩，风味之鲜美，都是比较突出的。1972 年从湖南长沙马王堆的轪侯妻辛追墓出土的随葬遣策

「西汉漆案及杯、盘」

中可以看出，在2000多年前的西汉时，湖南的精美肴馔已达百余种。遣策中共计有103个品种属于菜肴和食物，仅鹿肉食品就有8种，如：鹿隽一鼎（简27），鹿肉鲍鱼笋白羹一鼎（简28），鹿肉芋白羹一鼎（简29），小菽鹿胁白羹一鼎（简30），鹿脿一笥（简31），鹿脯一笥（简32），鹿炙一笥（简33），鹿脍一器（简34）。

肉羹的种类也很多，可分为5大类24个品种，如用纯肉烧的叫太羹，是羹中质量最好的，有9个品种，均为浓汤；用清炖方法煮的汤叫白羹，如牛白羹、鹿肉芋白羹、鲜鳜藕鲍白羹等7个品种；加芹菜烧的肉羹叫巾羹，有狗巾羹、雁巾羹、鲫藕巾羹3个品种；用蒿烧的肉羹叫逢羹，有牛逢羹、豕逢羹；用苦菜烧的肉羹叫苦羹，有狗苦羹和牛苦羹2个品种。

此外还有70余种食物，如"鱼肤"是从生鱼腹上割取的肉；"牛脍""鹿脍"等是把生肉切成细丝状的食物；"熬兔""熬鹌鹑"是干煎兔或鹌鹑之类。

> 从出土的长沙马王堆西汉遣策中还可以看出，汉代湖南饮食生活中的烹调方法比战国时期已有了进一步的发展，出现了炙、煎、熬、蒸、濯、脍、腊、炮、娶、醢、菹等多种烹调方法，烹调用的作料有盐、酱、豉、曲、糖、蜜、韭、梅、桂皮、花椒、茱萸等。

唐宋时从李白、杜甫、王昌龄、苏轼等人诗作中，可以窥见川湘佳肴倍受青睐、赞扬之一斑。

明清以降，湖南烹饪进入黄金时代，海禁大开，贸易发达，长沙、岳州开埠，商旅云集，物产畅通，大大地促进了市场的繁荣，湘菜也有了长足的发展。湖南官吏迎接京都大臣时，皆以湘味筵席招待。清代中叶以后，长沙城内出现了专营湘味的菜馆，他们还经常聚会，互相切磋烹饪技艺，传授弟子，初步形成了湘菜的烹饪技术理论，也研制了一批颇有特色的名菜，成为全国八大菜系中一支具有鲜明特色的湘菜系。

湘菜不仅有多样的烹饪方法，而且由于湖南的自然资源丰富，物产众多，洞庭、三湘既是渔米之乡，又饶山珍野味（湘西、湘南盛产蕈、笋、雉、兔）。殷实丰厚的物产资源为湘菜及湖南饮食提供了良好的条件。《吕氏春秋·本味篇》载："菜之美者，云梦之芹"，"鱼之美者，洞庭之鱄，东海之鲕，醴水之鱼"。其赞美良有以也，绝非过誉。自古以来，湖南确实拥有农林渔副牧诸方面众多的名贵特产，比如洞庭金龟、武陵甲鱼、君山银针、祁阳笔鱼、桃源（或东安）鸡、临武鸭、武冈鹅、宁乡（或长沙）猪、湘莲、香米、银鱼、娃娃鱼……应有尽有，名厨的工善其技，为湘菜的独具一格及饮誉中外奠定了坚实的基础。

「银 鱼」

湘菜具有用料广泛，取材精细，刀工讲究，烹饪技法重煨、烤、熘、炒、爆、炖，味别多样，菜式适应性强等特征。

湖南饮食文化之流派

由于地理环境的差异，湖南饮食文化也存在着明显的区域差异。大体上来说，湖南饮食文化可分为三大区域，这便是湘江流域、洞庭湖区和湘西山区三大风味，但以湘江流域风味为代表。

◉ 湘江流域饮食风味

湘江流域主要包括长沙、湘潭、衡阳等地，以长沙为代表。湘江流域交通方便，人才荟萃。湘江流域的土壤自然肥力较高，是湖南最重要的农业生产基地。粮食作物以水稻为主，油茶和油菜是该区主要的油料作物。湘江流域历代都是湖南政治、经济、文化最发达的地区。其日常饮食结构以大米为主，近山之民多食杂粮，如红薯、荞麦，佐餐菜肴为典型的湘菜。湘江流域是湘菜崛起和流行的主要地区，历史上也是湖南饮食文化最发达的地区，并且对湖南其他地区的饮食文化起着导向作用。这一区域菜肴风格和其他饮食消费形态代表着湖南饮食文化的主流。

湘江流域的菜肴制作精细，用料广泛，品种繁多。菜肴的制作特点是油重色浓，讲究实惠，口味上以香、鲜、酸、辣、软、嫩为主，烹调方法以煨、炖、腊、蒸、炒诸法见长。

「东安子鸡」

煨炖食物，讲究微火长时间慢煮，以达到煨则软糯汁浓、炖则汤清如镜之效果。腊制食品有烟熏、卤制、叉烧诸种，冷热皆宜。热菜以炒蒸为主。湘江流域的代表菜品有"麻辣子鸡""东安子鸡""鸭掌汤泡肚""砂锅炖狗肉""炒细牛百页"等，这些菜都有其悠久的历史或典故传说。例如东安子鸡，原名"醋鸡"，是饮誉三湘的传统名肴。此菜系以肥嫩母鸡为原料，取其净鸡肉切条，用黄醋、绍酒等各种调味料和肉清汤烹制而成，营养丰富，色彩素雅，质朴清新，其味兼具酸、辣、鲜、嫩的特点。

相传此菜是由两位普通老年妇女创制的。在很久以前，湖南东安县城里有一家小饭馆，经营这个小饭馆的是两位老婆子。因店小人少，生意一般，并无超群出众之处。

一天，天色将晚，行人稀少，小店要关门时，忽然来了几位客官，非要在此就餐。这时店里只剩下两位老妇，菜已卖完。于是，两个老婆子提来了两只子鸡，她们熟练地收拾着。因为客人等着下酒，她们就只好怎么快就怎么做了。一个老婆子把收拾好挖去内脏的两只鸡放到开水里煮了一会儿，捞出之后，立刻放在冷水里冷却，以便用刀切，不大功夫，就切好了鸡块。另一个老婆子切好了葱、姜、蒜、辣椒等佐料，又把这些佐料用大油炒了一下，就拿过切好的鸡块倒进锅内一起炒，然后又加入盐、料酒、醋一起焖。出锅时，又浇上一些香油。

当一个老婆子做鸡时，另一个老婆子已弄了两个凉菜，侍候客人喝酒。几个客人边商谈买卖边喝酒，刚喝了一会儿酒，一个客人忽然叫道："好香的鸡呀！"另外两个人回头一看，一盆香气扑鼻的子鸡已端上来。

两个老婆子还是头一次这样做鸡，虽然听客人说鸡的气味很香，但究竟是否好吃，她们心里也没底。两个人心里正嘀咕，忽听到客人拍着桌子大声叫好："啊！没想到店小手艺高，这鸡好吃极了。酸香嫩辣，妙极了！"另一个客人说："这鸡做得骨软肉鲜，实在难得！"两个老婆子一听，大出意外，想不到她们匆匆忙忙做的鸡，竟然受到了这么高的评价。她们望着几个大吃大嚼的客人，满意地笑了。

第二天，她们又买来了几只子鸡，照昨日的样子，又做了一次。结果，也同样受到顾客的称赞。从此，这家小饭店便天天做这种鸡。

后来，这种鸡的做法流传开来，成了一道名菜。

"醋鸡"改名"东安子鸡"，那是20世纪初，北伐战争胜利后的事。国民革命军第八军军长、前敌总指挥唐生智，他是湖南东安人，此人慷慨好客，交游甚广。后来，唐生智任南京卫戍司令。一次，为了祝捷庆功，在南京设宴款待宾客，酒过三巡，宴席上出现"醋鸡"一菜，颇受众宾客赞赏。当客人问及此菜出自何地时，唐生智回答说："这是我的家乡东安县的名菜。"于是"东安鸡"亦或"东安子鸡"由此出名。后来，唐生智家厨中有人到美国开餐馆，遂将"东安子鸡"的做法传入美国，很受欢迎，逐渐在海外传扬开来。

湘江流域不仅有许多名菜，而且也有许多著名的饮食店，名菜与名店相得益彰。仅以晚清以来长沙为例，就出现过不少名店，这些名店都有几道看家的名菜，何杰先生曾根据有关资料作下表：

晚清民国长沙名店一览表

开办时间	店 名	名 厨	代表菜肴
光绪年间	曲园酒家	袁善诚、丁云峰、史玉和	奶汤生蹄筋、花菇无黄蛋、松鼠活鳜鱼、冬笋尖
光绪年间	奇珍阁	周炳乾、袁得华	肘子
1920 年	玉楼东	曹敬臣	麻辣子鸡、鸭掌汤泡肚
1923 年	潇湘酒家	宋善斋	奶汤鱼翅、柴把肥鸭、红煨鱼翅
晚清	李合盛	黄维安	"牛中三杰":发丝牛百叶、红烧牛蹄筋、烩牛脑髓
20 世纪 20 年代	飞羽觞酒楼	萧荣华	锅巴海参、奶汤蹄筋、火方银鱼
不详	三和酒家	柳三和	素烧方、三层套鸡、七星酸肉
20 世纪 20 年代中期	商余俱乐部	宋善斋	红煨土鲍、口蘑干丝、奶汤鱼翅
不详	燕琼园酒楼	毕河清	烧烤席、荷叶粉蒸鸡、鸡腿夹藕、三合泥、地菜烧野鸭、豆苗炒虾仁
不详	健乐园	曹敬臣	祖庵鱼翅、祖庵豆腐、祖庵鱼生、祖庵笋泥
抗战时期	天然台酒楼	罗凤楼	红烧乌元、红烧土鲍
1902 年	徐长兴烤鸭店	徐长兴	一鸭四吃:鸭皮薄饼、鸭鲜小炒、鸭油蒸蛋、豆腐鸭架汤

◉ 洞庭湖流域饮食风味

洞庭湖流域主要包括岳阳、常德、益阳等地，这里地势低平，河湖众多，历史上由于围垦河湖淤积州土为圩田，土壤腐殖质含量较高，十分肥沃，一岁两收，产量可观，素为湖南的鱼米之乡。

洞庭湖区交通十分畅达，在一定程度上也促进了商业的繁荣，这为湖区饮食文化之繁荣创造了良好的环境。岳阳于光绪二十四年（公元 1898年）开埠后随即成为商业繁盛之地，全省的货物大都以这里为吞吐口。其货物的流向，往东北可达汉口，西北达宜昌，南至长沙，西抵常德。本省和全国各地客商都云集于此经商贸易。武陵县由于交通畅达，商业也一派繁荣，公元 1863 年《武陵县志》载："大舟小艇聚城旁，上溯黔阳下武昌。"沿河湖城镇成了大量饮食物资与饮食有关的各类物资的集散地，同时集中了适应各地口味的饭店和小食店，供商贾小贩享用。岳阳味腴酒家便是扬州人周氏三姐弟开办，主营酒席及浙江风味小吃之名店。可见，商业之繁荣为本地乡土饮食的社会化和与外帮饮食的融合创造了良好的社会环境。

此外，本区独特的水乡环境造就了其独特的资源优势，盛产鱼虾及水生植物藕、莲、菱角、泥蒿，湖区饮食文化带有浓郁的水乡特色。菜肴的用料以水生生物资源为主，烹饪风格亦充分体现了湘菜滨湖流派的特点。

「洞庭湖风光」

这一地区以烹制家禽、野味、河鲜等菜肴见长，多用炖、烧、腊的烹制方法，菜肴的特点是芡大油重、咸辣香软。炖菜常用火锅上桌，民间喜用蒸钵炖鱼。炖菜在洞庭湖地区十分流行，这些炖菜都是边煮、边下料、边吃，妙趣横生。所以当地有"不愿进朝当附马，只要蒸钵炉子咕咕嘎"

的民谣，可见人们对"蒸钵炉子"的喜爱。洞庭湖地区的代表菜品有"潇湘五元龟""武陵水鱼裙腿""洞庭野鸭""莲蓬虾蓉"等。

◉ 湘西饮食风味

湘西地区主要包括张家界、吉首、凤凰、怀化、古丈、桑植等地，这里与鄂西相邻，地形地貌也与鄂西基本一致，多为崇山峻岭。

湘西是苗族、土家族、侗族、瑶族等少数民族聚居地，各少数民族由于受共同的地理环境的制约，饮食习惯上有许多共同之处，如都是以大米、玉米、红薯等为主食，都表现出嗜酸和好异味的习惯等。

> 历史上由于苗族、土家族、侗族、瑶族所处的地理环境导致得盐颇不易，且蔬菜和禽畜的供应有一定的季节性，为缓解对食盐的依赖性和平衡淡旺季的供给，制作酸味食品和烟薰禽畜肉类逐渐成为这一地区一大奇观。

湘西酸类制品繁多，如酸鱼、酸肉、酸辣椒等，都是民间喜爱的菜肴。土家族、苗族、侗族制作酸鱼之方法大同小异，先将鱼去内脏，用盐和调料稍腌，再拌以大米或玉米粉装罐，一月后便可食。但土家族一般用油炸后食用，色泽金黄，具有焦、香、酸、脆特点，不加佐料。而苗族有时直接取出生食或煎食，制作不如土家族精美。以下兹将湘西境内的这三个少数民族制作酸菜的风俗作一介绍。

1.苗族与酸菜

湖南各地苗民普遍喜食酸味菜，苗族几乎家家都有腌制食品的坛子，统称酸坛。蔬菜、鱼、肉、鸡、鸭都喜欢腌成酸味食用。到了蔬菜淡季，多食用当家菜。所谓当家菜，是指青菜酸、辣子酸、萝卜酸、豆荚酸、蒜苗酸等腌酸菜。

酸肉的制法是先将鲜肉切成大块，然后一层肉、一层盐、一层层相压。三天后生盐溶化浸入肉内，再烧些糯米饭同甜糟酒混合，和肉块一起擦搓。最后放一些辣椒粉及其他配料，把坛口密封，倒扑于浅水盘内，使之不通空气。经两周后，略变酸性，食之可口，美味异常。

苗乡虽无大河，也有鱼食。土鱼（俗称蠢鱼）产量甚多，生于田间，易于蓄养。如在春季二三月将秧、鱼分种，至秋季七八月间，每条鱼长至半斤、一斤、斤余不等。如果长到一两年，小的可长至一两斤，大的可达三四斤。每年初秋，苗家人竞相腌酸鱼。他们从田间或河里捕回鲜鱼，剖腹去内脏，加入食盐、辣椒粉，拌匀后腌两三天，然后放进坛子内，一层鱼加一层糯米粉、包谷面，密封半个月左右即成。

「苗家酸肉」

「苗家酸鱼」

有的苗家将鱼盐渍三五日，晒干后往鱼肚内装满半熟的小米或粗米粉，然后装入坛中，密封坛口，倒置浅水盘内。经半月后盐浸透，性变酸，色泽橙黄，肉质酥嫩，取出生食，未闻腥臭，且酸香可口，津津有味。

苗家将腌鱼、腌肉、腌菜的坛子均置于堂上或地楼之墙，富裕家庭腌鱼、肉、菜的坛子为数甚多。生人入门，观坛多寡，家之有无，可不问而知。

2. 侗族与酸菜

"侗不离酸"概括了湖南侗族饮食习惯的一大特点。侗族家家腌酸，四季备酸，天天不离酸，人人爱吃酸，正如歌谣中所唱的那样："做哥不贪懒，做妹莫贪玩。种好白糯米，腌好草鱼酸。人勤山出宝，家家酸满坛。"

侗民日常所食蔬菜，大部分为酸菜，如酸黄瓜、酸刀豆、酸萝卜、酸蕨菜等。酸蔬菜之外，还有酸鱼、酸鸡、酸鸭、酸肉、虾酱等腌酸制品。制作腌酸食品有坛制和筒制两种，分别采用陶坛、木桶、楠竹筒腌制。其制法是：先洗净要腌制的鱼、肉、菜等，用糯米酸成酒或用锅将糯米炒至干熟拌匀，隔层铺放。根据不同品种的腌制时间，加上不同分量的食盐（有的还要加辣椒等其他调料）。在放入酸坛时，鱼肉类放在坛底的垫架上，使其滤水沉底，以保持鱼肉的干爽。腌制草鱼酸，要放入特制的酸缸，将草鱼摊开捕平，隔层放好加工的糯米和各种作料，用重石头压在鱼上。腌坛封严以后，在坛里水槽中注入油或水，防止透气变味，以延长保存时间。虾酱的制法是先将生虾与辣椒面拌合、捣碎，再加粥、豆粉、生姜末、桂皮和盐，搅匀入坛，发酵而成。食用时再以油煎炒，其味鲜酸酥辣，最能开胃佐饭。

腌酸食品不仅味美可口，而且保存期长，一般酸菜可保存一二年，酸肉可保存数年，酸鱼有时可保存一二十年之久。侗家人平时不轻易食用，只是在款待贵宾和婚嫁、葬礼中才开坛尝用，其肉色鲜亮透红，味醇质脆。在侗族，谁家缺了草鱼酸，即会被人瞧不起。侗民爱吃酸味食物，与其生活环境和当地物产有关。当地盛产糯米，吃酸可助其消化，而且糯米也是腌制食物的好佐料。加之侗民每天的饭往往是早上一起床就蒸足，中晚餐一般不再另煮，也不再炒菜，取些现成的酸菜就饭吃十分方便。每天上山干活，中餐是一包糯米饭，另加一两样酸菜，既方便又实惠。此外，侗民热情好客，但交通不便，购买食品较困难，如果家中有了腌酸食品，一旦宾客临门，便有了方便的待客食品。

3. 土家族与酸菜

湖南土家族的饮食习俗受地理环境的影响很大。土家族居民所居之地气候潮湿，地处高寒，故为驱寒散湿，有喜食辣椒的习惯。又因山路崎岖，交通不便，购物较难，为解决日常饮食之需，民间都采用腌渍贮存的方法。每家每户都有一些酸坛子，因腌制的食物含有酸味，又能刺激人的食欲，所以形成了以酸辣为明显特征的饮食风味。

居民日常所食，多为素食，几乎餐餐不离酸菜和辣椒。酸菜是用青菜、萝卜、辣椒等用盐水腌泡而成，成品酸脆爽口。土家族常将辣椒作主料食用，而不是做调配料。他们习惯用鲜红辣椒为原料，切开半边去籽，配以糯米粉或包谷粉，拌以食盐，入坛封存，一段时间后即可随时食用。因配料不同称为"糯米酸辣子"或"包谷酸辣子"。烹调时用油炸制，光滑红亮，酸辣可口，刺激食欲，为民间常备菜。

土家族的酸肉、酸鱼、腊肉别具风味。酸肉是以肥膘为原料，切成重约2两的块，配以食盐、五香、花椒粉腌渍数小时，再拌和玉米粉，入罐存放半月即成。食时配以其他作料焖制，其味微酸有粘性，油而不腻。酸鱼的制法是：把半斤以上的鱼去内脏洗净，肚内填以玉米粉或小米、燕麦粉、面粉均可，拌以食盐，置坛中密封，存放一两年之久而不变质，生熟可食。一般用油炸制，色泽金黄，具有焦、香、酸、脆特点，不加佐料，民间常备，以待宾客。

每年春节前夕，土家族家家户户纷纷用猪肉熏制腊肉，为新的一年开始而作贮备，或作为礼物馈赠亲友。当地称为"土腊肉"的制作方法，世代相传。制法是将猪肉切成大条块，用食盐、花椒、山胡椒腌渍一星期，再烟熏两三天，抹灰除尘，将植物油烧沸，浇淋在肉的

「土家腌熏肉」

整个表层，放在阴凉处吹干，存放在稻谷堆内埋藏，也可放在植物油内浸泡，两三年内不变质。食用方法多样，一般以蒸、炒为主。民间流传有"三年腊肉好待客"的说法。

此外，由于湘西地处山区，因而山珍野味众多，所以人们擅长制作山珍野味、烟熏腊肉和各种腌肉，口味侧重于咸香酸辣，常以柴炭作燃料，有浓郁的山乡风味。

这里常见的山珍野味有：寒菌、板栗、冬笋、野鸡、野鸭、斑鸠等。因此，有代表性的菜品也多与此有关，如"重阳寒菌""腊味合蒸""焦炸鳅鱼""麻辣泥蛙腿"等。

湖南饮食的特色

尽管湖南饮食风味可分为上述三大流派，但其基本口味特色较为一致，即味别多样，尤重酸辣，熏腊清香，口味适中。湖南这种饮食风味的形成，是有着长期的历史、地理等因素的。

◎ 嗜酸喜辣

首先，湘菜尤重酸辣，是与其地理环境及气候特点有密切关系的。因湖南河流山区众多，空气中湿度大，人体散湿不畅，所以湖南人习惯吃酸辣，用以去湿、祛风、去寒。

正如清人写的《保靖志稿辑要》中所云："土人于五味，喜食辛蔬。茹中有茹椒一种，俗称辣椒，每食不彻此物。盖丛岩邃谷间，山泉冷冽，岚瘴郁蒸，非辛味不足以温胃健脾，故群然资之。"另外，受地理环境的影响，湖南大部分地区适用于辣椒的栽培，吃的人多了，便促进了辣椒的种植，供需良性循环，因而逐渐形成了嗜辣的习惯。

其次，喜酸辣与楚文化的饮食传统有关。楚人嗜食酸味，早在先秦两汉便有了口碑。《淮南子》曰："煎熬焚炙调齐和之适，以穷荆吴甘酸之变。"高诱注云："二国善酸咸之和。"《黄帝内经》中亦云：东方之民"食鱼而嗜酸"，南方之民"嗜酸而食胕"。这些证明重酸味是先秦乃至后世楚与吴菜系的一大特色。楚人喜酸的饮食特点，在考古中也有反映。马王堆汉墓遣策中记录了 9 种羹，其中酸羹有 7 种：牛首夸（菇）羹一鼎、羊夸羹一鼎、承夸羹一鼎、豚夸羹一鼎、狗夸羹一鼎、雉夸羹一鼎、鸡夸羹一鼎。

六朝时期，宗懔《荆楚岁时记》对荆楚一带（今湖北、湖南）食俗嗜酸亦有载述："仲冬之月，采撷霜芜菁、葵等杂菜干之，并为咸菹。有得其和者，并作金钗色。今南人作咸菹，以糯米熬捣为末，并研胡麻汁和酿之，石筜令熟，菹既甜脆，汁亦酸美，呼其茎为金钗股，醒酒所宜也。"对酸菜的做法、功能及其色、香、形、味均作了具体而生动的描述，宛如历历在目。早在1000多年前，荆楚民众就能做出如此技艺高超的酸菜，确实令人赞赏不已。

直到近现代，湖南、湖北、四川、贵州、云南、广西等省（自治区）许多偏僻山区，尤其是苗族、侗族、瑶族、土家族、布依族、毛南族等民族，嗜酸之风非常盛行。至今，嗜酸辣的习俗及若干烹饪和饮食方法在现在的湘鄂西一带尚有遗存，至今楚人仍喜欢"煮酸菜鱼"。其制作方法是：用洗净的铁锅，把掺有酸辣椒、花椒等香料的水煮到快要沸腾，将鱼收拾妥当放在沸腾的酸汤水里烧煮，配上适量的食盐以及腌酸菜等，熟透即好。食时配有花椒、大蒜的辣椒蘸碟，蘸而食之，其味无穷。文献记录和考古材料都证明，湖南人喜嗜酸辣有深厚的历史渊源。

「酸菜鱼」

湖南人嗜酸与喜辣是连在一起的，这也是有悠久传统的。《荆楚岁时记》中就有楚人喜辣的记载，"正月一日，……长幼悉正衣冠，以次拜贺。进椒柏酒，饮桃汤，进屠苏酒、胶牙，下五辛盘。"

按当时的楚俗，春节（即"元日"）早晨，合家拜贺之后，即"进椒柏酒"，并吃（上引文中的"下"，系湖北荆州方言，就是"吃"的意思）五种辣味的菜。宋代《太平御览》卷二十九引《风土记》："晨啖五辛菜。"明代李时珍《本草纲目》云："元旦立春，以葱、蒜、韭、蓼蒿、芥辛辣之菜杂合食之，取迎新之意，谓之五辛盘。"由此可见，中国古代的辛辣之味主要来自于一些辛香菜中。辣椒是在明代末年从美洲传入中国的。辣椒传入中国后，最先开始食用辣椒的是贵州及其相邻地区。在盐缺乏的贵州，康熙年间"土苗用以代盐"，辣椒起了代盐的作用，可见与生活的密切性。从乾隆年间开始，贵州地区大量食用辣椒了。

与贵州的情况一样，湖南也是缺盐地区。历史上湖南基本不产盐，主要依赖淮盐供应湘中、湘北地区，粤盐供应湘南地区，川盐供应湘西地区。湖南离产盐地路途遥远，盐价自然不菲，这势必直接影响人们的需求。因而许多贫苦民众无奈，不得不以酸菜、辣椒当盐来调味。所以，从乾隆年间开始，湖南也开始食用辣椒了，以此作为调味品。

> 俗话说："湖南人不怕辣，贵州人辣不怕，四川人怕不辣。"这其中谁食辣更重一些呢？

近年来，有学者对中国人的饮食口味作过计量研究，蓝勇先生撰文说："最新的计量研究表明，现在中国在饮食口味上形成了一个辛辣口味层次地区，即长江上中游辛辣重区，包括四川（含今重庆）、湖南、湖北、贵州、陕西南部等地，辛辣指数在 151 至 25 左右；北方微辣区，东及朝鲜半岛，包括北京、山东等地，西经山西、陕北关中及以北、甘肃大部、青海到新疆，是另外一个相对辛辣区，辛辣指数在 26 至 15 之间；东南沿海淡味区，在山东以南的东南沿海，江苏、上海、浙江、福建、广东为忌辛辣的淡味区，辛辣指数在 17 至 8 间，其趋势是越往南，辛辣指数越低，人们吃得越清淡。细分起来，吃得最辛辣的还是四川人（指数在 129），然后是湖南人（指数为 52），湖北人（指数为 16），贵州缺统计资料，但估计与四川、湖南不相上下。"

从这个统计指数中可以看出，四川排名第一（129），湖南第二（52）。但在吃辣椒的方法上，湖南人则显得比四川人更厉害一些。四川人吃辣椒常常是将辣椒炸香，使其收敛，而湖南人则可以吃干辣椒面、干辣椒。

在中国历史上有一个奇异的现象，即在食辣重区的范围内，出现了一大批喜吃辣椒的革命者，如毛泽东、邓小平、朱德、陈毅、刘伯承、聂荣臻、张爱萍、陈独秀、魏源、黄兴、蔡锷、宋教仁、陈天华、彭德怀、罗荣恒、任弼时、林伯渠、李富春、邓中夏、何叔衡、李立三、陶铸、胡耀邦。特别是毛泽东，一生都喜欢吃辣椒，几乎每顿"正经饭"中都少不了辣椒。有时，四菜一汤中是一盘辣椒酱，有时则是一碟干焙辣椒，其中干焙辣椒都是整个儿焙熟的，身边工作人员无人能咽一小口，毛泽东却能一口一个，而且吃得津津有味。

毛泽东还把辣椒与性格、与斗争精神联系起来。有一次，他对工作人员说："大凡革命者都爱吃辣椒。因为辣椒曾领导过一次蔬菜造反，所以吃辣椒的人也爱造反。我的故乡湖南出辣椒，爱吃辣椒的人也多，所以'出产'的革命者也多。"

毛泽东晚年依然未改食辣习惯。其时，他罹患多种顽疾，连吞咽都十分困难，但他还时常想吃一点儿辣椒。于是工作人员便用筷子在辣椒酱里沾上一点点，送到他嘴里。这时，毛泽东便会把嘴巴吧嗒几下，高兴地说："好香噢，一直辣到脚尖了！"现代科学研究表明，辣椒不仅可以调味，而且还可有提神的功能，所以受到众多民众的爱好。

从以上的材料中可以看出，湖南人喜嗜酸辣的饮食风习，虽然直接渊源于先秦时期的荆楚饮食文化传统之中，但更多是湖南特定的地理和社会文化环境的作用。地理位置及社会文化因素影响了湖南对食盐的需求，又因气候多雨潮湿因素形成嗜辣之习，最终使湖南嗜酸辣风习得以定型并形成自己的饮食特色。

◉ 腊味清香

湘菜还有一个重要特色，就是善于运用腊味制品做各式菜肴，俗称腊菜。

腊菜有烟熏的清香，色泽美观，香味浓醇。经过烟熏的腊制品，有防腐作用，易于保藏。烟熏方法有敞炉熏（即熏缸熏），以及密封熏（即熏锅熏）两种。

敞炉熏，即在普通火炉内（或火缸）放几根烧红的木炭，上面盖上一层核桃木屑、茶叶、稻壳、橘子皮和糖等，冒出浓烟，将食品挂在钩上，或用篾箕盛着在烟上熏制。

密封熏，即把上述燃料放在铁锅里，上面找一铁丝熏篮，将食品放在篮内加盖，然后将铁锅放在火上烘，使锅内燃料烧冒烟来熏制。

湘菜腊味名肴是"腊味合蒸"，它是以腊鸡、腊肉、腊鱼为主料蒸制而成。其制作方法是：将腊鸡、腊肉、腊鸡肫、腊舌用温水洗一下，上笼蒸熟取出，稍凉。腊鸡砍成 5 厘米长、2 厘米宽的条，腊鸡肫切成 6 毫米厚，腊肉切成 4 厘米长、4 厘米宽、6 毫米厚的块，腊舌切成 6 毫米厚的片，分别扣入碗内，加入料酒或豆豉、干红椒末，然后上笼蒸 1 小时左右，取出翻入盘中，淋香油即成。这道菜的特点是颜色深红、咸香多味、肥而不腻，具有独特的烟熏风味，是湖南民间冬春季节餐桌上常食的菜肴。

湖南风味小吃

◉ 湖南风味小吃的起源

湖南小吃历史悠久，早在 2000 多年前，楚地就有诸多脍炙人口的风味小吃。在长沙马王堆西汉墓中，也出现过各式糕饼等小吃品种，如糗食（焙炷）一笥（简 122），卵粢一器（简 123）。据《集韵》所言，糗食或作焙炷，属饼类；卵，蛋也；粢，《说文解字》曰："稻饼也。"由此可知，卵粢为米类加工的蛋饼，糗食则为麦面粉制成的饼子。这些小吃品种为后世湖南小吃的发展奠定了良好的基础。

经过长时期的历史发展，到清代时，湖南小吃已从民间家庭制作转向商业性经营。据清末出现的《湖南商事习惯报告书》中介绍，当时湖南小吃就分有米食、面食、肉食、汤饮、鲜食、豆制品等类，数十个品种，市肆出现"朝则油条之类，夜则河南饼之类，皆提篮唱卖。又有饺饵担，兼卖切面、汤圆，夜行摇铜、敲小梆为号，至四五鼓不已"的景象。此时的食摊和小吃店铺较注重质量，以自己的独特风味相号召。

◉ 火宫殿小吃群的形成

湖南小吃在全国形成一个品牌，是从长沙火宫殿开始的。火宫殿神庙于清道光六年（公元 1826 年）重修后又名"乾元宫"，每逢农历六月三十日举行大规模祭祀。久而久之，便有零食、卖艺、相面、说书等出现，逐步形成独具风味的小吃市场，尤以民国时期小吃日兴。1941 年再建神殿时，经神殿主事与商贩达成协议，由商贩出钱，在神庙前空坪修建木架棚屋，以作铺面，3 年不收租金，期满后产权归神庙。由此形成了一个品种多样、风味独特、价廉物美、食用方便的小吃店群。那时的经营规模和经营特色，均可与上海城隍庙、南京夫子庙和天津劝业场相媲美。长沙人有句口头禅："进门火宫殿，出门钱圆工（取乾元宫谐音。圆工，长沙方言词，其义为做完某事，用完某物）。"

据《晚清民国时期名店录》记载，1942 年火宫殿建成木架棚屋 48 间，占地 2200 多平方米，分成四线，东西两线紧靠围墙，均为单间；中间两线前后分两个门面。四线分别取名东成、西就、南通、北达。四线铺面间有三条小街，门面毗联，形成闹市。

火宫殿的小吃品种从民间小贩开始，经年云集，逐步形成浓郁的地方特色，著名的有：姜二爹的臭豆腐，姜氏女的姊妹团子，胡桂英的麻油猪血，邓春香的红烧蹄花，周福生的荷兰粉，张桂生的煮徽子，李子泉的神仙钵

「长沙火宫殿」

饭，罗三的米粉，陈益祥的卤味，胡建岳的牛角饺子等。他们几经艰辛创业，从选料、配方到制作，几乎都是代代相传，各具特色。其中尤以姜二爹的臭豆腐、姜氏女的姊妹团子、张桂生的煮徽子、李子泉的神仙钵饭、胡桂英的麻油猪血遐迩闻名，流传至今，久盛不衰。长沙有句顺口溜，非常形象地说明了火宫殿小吃的风味特色："火宫殿样样有，饭菜小吃热甜酒。油炸豆腐喷喷香，姊妹团子数二姜。徽子麻花嘣嘣脆，猪血蹄花味道美。各式小吃尝不完，乐得食客笑呵呵。"由此可以看出火宫殿小吃对人

们的巨大吸引力。

此外，湘潭祥华斋的脑髓巷、衡阳排楼街的排楼汤圆等都是名噪三湘的小吃。

● 食粽习俗的来历

我国食粽习俗的起源，也来自湖湘一带的楚地。

农历五月初五，是我国传统的节日——端午节，又叫端阳节。每逢端午节这一天，大江南北，到处酒粽飘香，尤其是江南广大地区，素有吃粽子的风俗习惯。

为什么要在端午节吃粽子？民间流传的说法颇多，而最广泛，也最为人们所乐道的，当数关于屈原的典故了。

屈原是战国时的楚国人。他自幼刻苦学习，是我国历史上伟大的诗人。由于他处在衰落的楚国，一生坎坷。

战国中期，楚曾是秦之外最强大的国家，它与齐结成联盟，成了秦吞并六国的最大障碍。秦为了拆散楚齐联盟，便派主张连横的国相张仪出使楚国，对楚怀王许愿说，楚若与齐绝盟，秦将划出 600 里之地送归楚。楚怀王对秦国的欺骗没有识破，信以为真地准备和齐绝交。更为可悲的是，许多大臣都知道楚怀王会上当，但为了自己的荣华富贵，还是怂恿楚怀王按张仪说的去做。屈原知道后，就立即出面劝阻，指出秦国在断绝楚、齐之间的关系后，一定会采取各个击破手段，对楚国下毒手。谁知楚怀王不仅不听屈原的忠告，反而疏远他，免除了他的官职。不出屈原所料，楚怀王果然上当，不仅没有得到秦许诺的土地，还因背盟遭到齐国的攻击。秦国更是凶狠，将楚怀王骗到秦国做人质，两次派兵攻打楚国，夺去了大片楚地，楚怀王最后也客死秦国。楚顷襄王

「屈　原」

即位以后，忠心爱国而又刚毅耿直的屈原又受到朝臣小人诬陷，被流放江南。

公元前278年，秦昭王派大将白起攻陷楚国几百年的首都——郢（今湖北江陵），楚国百姓饱受战火和颠沛流浪之苦。这时流亡到汨罗江边的屈原，看到君臣逃王、国家残破、首都陷落、人民受难，他"哀州土之沉沦"，"悲江介之遗风"，心如死灰。农历五月初五那天，他怀着忧伤的心情写了最后一篇诗歌《怀沙》，便抱恨投湖南汨罗江自杀。

老百姓看到忠心爱国的屈原投江殉国，都无比悲愤。他们纷纷驾着舟船到汨罗江里去打捞屈原，将米饭、鸡蛋投入江中让鱼虾蟹鳖吃饱，不使其伤害屈原的尸身。还有一位老医生拿来一坛雄黄酒倒进江里，想醉晕蛟龙水兽，防止它们咬坏屈原躯体。以后每逢五月初五，人们都要划龙舟，向江里投食物，喝雄黄酒来纪念屈原。由于投向江里的米饭太零散，老百姓就用竹筒贮米做成筒粽，也有作箬叶包上糯米，用五彩线缠扎成菱形角粽，扔进江里，使其迅速下沉。这种风气很快向各地传播，并历代相传，将夏至尝黍祭祖先演变为端午节食粽祭屈原。因为屈原是五月初五投江，人们便把五月初五定为端午节，并在这一天裹粽子，吃粽子。

唐人文秀《端午》诗云："节分端午自谁言？万古传闻为屈原。堪笑楚江空渺渺，不能洗得直臣冤。"在屈原故里鄂西秭归，人们更是怀着对爱国诗人深挚热爱的崇敬之情，每逢端午节，都以"赛龙舟""吃粽子"来纪念屈原。南宋大诗人陆游在西蜀返回东吴途中，经过秭归时，恰逢端午龙舟盛会，即兴赋《归州重五》诗一首，诗云："斗舸红旗满急湍，船窗睡起亦闲看，屈平乡国逢重五，不比常年角黍盘。"至今，秭归民间还流传这样的歌谣："有棱有角，有心有肝，一身洁白，半世煎熬"，"大水茫茫，眼泪汪汪，淹死怀王，莫死忠良"。歌谣充分表达了人民对含冤负屈而死的屈原的同情和怀念。

食粽习俗，历代相传，时至唐宋，食粽尤为盛行。唐明皇有"四时花竞巧，九子粽争新"的诗句。唐人姚合有"渚闹渔歌响，风和角粽香"的诗句。北宋苏东坡也写有"不独盘中见卢橘，时于粽里得杨梅"之诗。由此看来，在当时，粽子已经成为宫廷和民间的节令食品。

食粽之俗，经久不变，以至后来连港澳、日本、东南亚等地都非常盛行，因为它具有"香糯甜美"的特殊风味，故越传越广。

自古以来，粽子名品逐渐增多，如今常见的粽子有赤豆粽、红枣粽、柿干粽、洗沙粽、咸肉粽、火腿粽、鲜肉粽、排骨粽、鸡肉粽、脂油粽、八宝粽、什锦粽……数不胜数，实在是品类繁多，风格各异。

｜吴头楚尾的赣皖饮食文化｜

　　长江文化既是一种区域性的文化，更是一种流域性的文化，两者互济互通。江西、安徽属吴头楚尾，在饮食文化上具有吴、楚、越的特点。

长江文化，既是一种区域性的文化，更是一种流域性的文化，据此，有学者指出长江文化的构建上，表现出了显著的板块文明的特征。"具体而论，这种文明又分别由云贵川文明板块、两湖文明板块、皖赣文明板块、江浙（吴越）文明板块等大小不同、互有联系、又互为区别的文明板块所组成。在文明的发展与繁荣过程中，呈现出各区域性板块文明的文化独立性、潜在性、传承性与长江文明（即南方文明、江南文明）大板块之间，二者的互补性、互济性、互通性、连续性以及交相辉映的地域文化的特点。"这种观点是很有见地的，本书所述的赣皖饮食文化便是属于"皖赣文明板块"中的一个重要组成部分。

原汁原味的江西饮食文化

江西位于长江中下游交接处的南岸，负江带湖，翠峰环立，沃野千里，风光绮丽。江西气候温暖，日照充足，雨量充沛，无霜期长，具有亚热带湿润气候的特点，加上江西河湖众多，适宜种植水稻和发展水产业，故江西一向也被誉为美丽富饶的鱼米之乡。

● 赣菜的沿革与特征

江西在秦汉时期，鱼米之乡的特色已趋明显，据东晋时人雷次宗云：江西"地方千里，水路四通……嘉蔬精稻，擅味于八方"。宜春等地"田畴膏腴，厥稻馨香，饭若凝脂"。江西不仅是鱼米之乡，而且也是我国重要的蔬菜生产基地，蔬菜品种众多。早在宋代，赣籍诗人杨万里就曾写诗赞美过，他在《春菜》一诗中云："雪白芦菔非芦菔，吃来自是辣底玉。花叶蔓菁非蔓菁，吃来自是甜底冰。三馆宰夫傅食籍，野人蔬谱渠不识。用醯不用酸，用盐不用咸。盐醯之外别有味，姜牙桥子仍相参。不甑亦不釜，非蒸亦非煮。坏尽蔬中胇，乃以烟火故。霜根雪叶细缕来，瓷瓶夕幂朝即开。贵人我知不官样，肉食我知无骨相。秪合南溪嚼菜根，一尊径醉溪中云。此诗莫读恐咽杀，要读此诗先捉舌。"这些材料说明，江西有着丰富的资源和良好的自然条件。同时，江西又处于长江中游，有所谓"吴头楚尾"之称，历史上也不断地在与上、下游的饮食文化交流。江西饮食文化就是在保持自身特色的基础上，又取八方精华，从而形成了今日有独特风味的江西饮食文化。

江西传统饮食，据罗淦先生研究，具有"两概括，一综合"的特点。罗淦先生指出，所谓"两概括"，即吴楚饮食文化的概括，南北饮食文化的概括；"一综合"，即俗家饮食与佛道宗教文化的综合。

> 江西属吴头楚尾，部分地区又属越，所以江西人的饮食习惯具有吴、楚、越的特点。

嗜辣成性，不亚于湖南、四川。赣西地区，连炒盘小白菜都要下大量辣椒粉，故此，有人以"不怕辣""辣不怕""怕不辣"来概括江西、湖南、四川三省嗜辣习惯。

佐以甜味，这原为吴菜风味，但赣抚平原也喜在菜肴中放糖，如红烧肉、糖醋鱼之类，这都属吴菜风味。

吃生吃鲜，这又为越菜风味，如赣南、赣东的鱼生、鱼丸、鱼泡、烫鲜虾、活鲤鱼等。赣东属吴越之"越"，赣南属百越之"越"，所以江西的越菜风味既含浙江风味，又含广东风味。广东人喜食蛇、蛙、鼠，赣南人也喜食之。

由此可见，江西饮食文化兼有蜀、湘、鄂、皖、浙、粤风味，在多种风味的基础上形成了自己的特色。

江西由于地处南北主要通道之上，交通运输业十分发达，南来北往者络绎不绝。客商们为江西带来了全国各地的饮食制作，并融进到江西的饮食文化中，使江西古代饮食具有南北饮食的概括性。如峡江的牛肉炒粉，将西北回民吃牛肉的习惯与江西人爱吃米粉相结合，形成为一种全国性的大众小吃。江西的锅贴饺子，本为北

「道家素宴」

方食品，但因江西盛产植物油，贴饺时下油多，配馅时下料重，特别加姜末、葱花、胡椒粉，热水烫面擀皮，成为独具特色的江西锅贴饺。

江西古代饮食，具有俗家饮食与佛道等宗教饮食综合的特点。江西以道教为中心，自张道陵于江西创符派道教后，丹炉派道教亦于江西境内传开，葛玄、葛洪先后在江西开炉炼丹。历史上还有一些道家代表人物也先后在江西留下过一些活动遗迹。这些道教人物都是以追求长生为人生目的，因此，他们在饮食上都有自己的一套信仰，这主要表现在以下两个方面：

1.少食辟谷

道教主张少食，进而达到辟谷的境地。所谓辟谷，亦称断谷、绝谷、休粮、却粒等。谷在这里被道人认为是谷物蔬菜之类食物的简称，辟谷即不进食物。

辟谷之术，由来已久，据说辟谷术源于赤松子，赤松子是神农时的雨师，传说中的仙人。《史记·留侯世家》记载汉初名臣张良"欲从赤松子游，乃学辟谷，导引轻身"。后经吕后劝阻，张良不得已才进食。

长沙马王堆汉墓发现的《却谷食气》是我国现存最早的辟谷文献。

汉代行辟谷之术的道人较多，据传有着较好的效果。《淮南子·人间训》云："单豹倍世离俗，岩居而谷饮，不衣丝麻，不食五谷，行年七十，犹有童子之颜色。"也有人以食枣来辟谷，《后汉书·方术传》载："郝孟节能含枣核，不食可至五年十年。"枣子是一种温补的药物，专门吃枣子是可以维持生命的。还有人以食药来辟谷，曹丕《典论》记载汉末郄俭"能辟谷，饵伏苓"。郄俭到处传授其术，以致"伏苓价暴贵数倍"。曹植在《辩道论》云："余尝试郄俭，绝谷百日，躬与之寝处，行走起居自若也。"晋代盛行辟谷，其方法也多种多样，正如葛洪《抱朴子内篇·杂应》云："近有一百许法，或服守中石药数十丸，便辟四五十日不饥；练松柏及术，亦可以守中，但不及在药，久不过十年以还。或辟一百二百日，或须日日服之乃不饥者，或先作美食极饱，乃服药以养所食之物，令不消化，可辟三年。欲还食谷，当以葵子猪膏下之，则所作美食皆下，不坏如故也。余数见断谷人三年二年者多，皆身轻色好，堪风寒暑里，大都无肥者耳。"

生活在长江流域的南朝梁人名医陶弘景也很热衷辟谷，《梁书·陶弘景传》中说陶弘景"善辟谷导引之事，年逾八十而有壮容"。陶弘景在其《养性延命录》中收有《断谷秘方》一卷。

道教为什么要回避谷物呢？这是因为道教认为，人体中有三虫，亦名三尸。《中山玉匮经服气消三虫诀·说三尸》中认为，三尸常居人脾，是欲望产生的根源，是毒害人体的邪魔。三尸在人体中是靠谷气生存的，如果人不食五谷，断其谷气，那么，三尸在人体中就不能生存了，人体内也就消灭了邪魔。所以，要益寿长生，便必须辟谷。

辟谷者虽不食五谷，却也不是完全食气，而是以其他食物代替谷物。这些食物主要有大枣、茯苓、巨胜（芝麻）、蜂蜜、石芝、木芝、草芝、肉芝、菌芝等，即服饵。要使身体健康，就得注重营养，这样，就不能使饮食单调，只吃某一类食物。道教排斥谷物蔬菜，饮食单一，这只能起到摧残人体的作用，所以，辟谷术不值得提倡。

2．"少食荤腥多食气"

道教主张人体应保持清新洁净，认为人禀天地之气而生，气存人存，而谷物、荤腥等都会破坏"气"的清新洁净。所以，陶弘景《养性延命录》云："少食荤腥多食气。"

道教把食物分为三、六、九等，认为最能败清净之气的是荤腥及"五辛"，所以尤忌食肉鱼荤腥与葱蒜韭等辛辣刺激的食物，主张"不可多食生菜鲜肥之物，令人气强，难以禁闭"。此外，《胎息秘要歌诀·饮食杂忌》亦云："禽兽爪头支，此等血肉食，皆能致命危。荤茹既败气，饥饱也如斯。生硬冷须慎，酸咸辛不宜。"

那么，什么样的食物最理想呢？这就是"餐朝霞之沆瀣，吸玄黄之醇精，饮则玉醴金浆，食则翠芝朱英"。道教认为只有这种饮食，才能延年益寿。

道教信仰食俗对一般平民百姓生活影响并不大。如果按照道教的说法，穷苦百姓最有成仙的机会。他们本来就是在半饥半饱、与荤腥无缘的状态中生活。然而，直到他们饿死也与神仙无缘。相信辟谷成仙之说的，多是一些既富且贵的统治者。

综上可见，道教饮食文化中，既有一定的科学内容，如主张素食、淡味、节食，以食养身，反对暴食、厚味、荤食等，但也有一些糟粕。这些精华与糟粕在追求长生的目的下得到了统一，并对后世产生了较大的影响。正是由于道教饮食生活的影响，江西饮食文化自古以来就十分注意以食进补，以食养身，形成了一些科学的饮食养生方法和观念。药膳成了江西饮食的一大特色，如暴炒枸杞叶、肉炒车前草、木槿花蒸蛋、百合焖肉、油炸天门冬、淮山墩肉等大众菜，既芳香可口，又有防病养身之功效。

◉ 赣菜的构成与菜式

赣菜是由南昌、鄱阳湖区和赣南地区菜构成。这三地菜肴的共同特色是：味浓、油重、主料突出、注重保持原汁原味。在品味上侧重咸、香、辣；在质地上讲究酥烂、脆、嫩；在烹调上以烧、焖、蒸、炖、炒见称。炒菜重油，保持鲜嫩，如赣州名菜"小炒鱼"。蒸或炖的菜保持原汁，不失原味，既保全营养，又有补益，如"清蒸荷包红鲤鱼""清炖乌骨鸡"。焖制的菜酥烂、味香，如久负盛名的"三杯鸡"。

三杯鸡已有数百年的制作历史。其独特之处在于：在烹制时，把宰杀洁净的鸡切成小块，置于砂钵中，不放汤水，只需配以一杯甜米酒、一杯香油、一杯酱油一起焖制而成，故名"三杯鸡"。以其肉质酥嫩、原汁原味、浓香诱人、味道醇厚而闻名于世。

关于三杯鸡的来历，传说与祭奠民族英雄文天祥有关。

吴头楚尾的赣皖饮食文化

南宋末年，民族英雄文天祥抗元被俘，广大人民群众十分悲痛。

一天，一位70多岁的老婆婆手拄拐杖，提着竹篮，篮内装着一只鸡和一壶酒，来到关押文天祥的牢狱，祭奠文天祥。这位婆婆通过收买打通，让一位狱卒偷偷将她带入牢内。老婆婆意外地见到了文天祥，悲喜交集。原来外面传闻文天祥已被杀害，她是前来祭祀文丞相的。她见文丞相还活着，后悔没带只熟鸡来，只好请求狱卒帮忙。

那狱卒本是江西人，心中也很钦佩文天祥，老婆婆的言行使他深受感动。想到文丞相明天就要遇害，心里也很难过，便决定用老婆婆的鸡和酒，为文天祥做一次像样的菜肴以示敬仰之情。

「三杯鸡」

于是，他和老婆婆将鸡宰杀，收拾好、切成块，找来一个瓦钵，把鸡块放钵内，倒上米酒，加点盐，充做调料和汤汁，用几块砖头架起瓦钵，将鸡用小火煨制。

过了一个时辰，他们揭盖一看，鸡肉酥烂，香味四溢，二人哭泣着将鸡端到文天祥面前。文丞相饮酒汤，食鸡肉，心怀亡国之恨，慷慨悲歌。

第二天，元兵如临大敌，大量调兵遣将，将文天祥押到大都柴市。沿途百姓如潮，哭声动地，文天祥视死如归，英勇就义，这一天是十二月初九。

后来，那狱卒从大都回到老家江西，每逢十二月初九这一天，必用三杯酒煨鸡祭奠文天祥，因此菜味美，便在江西一带流传开来。后来，厨师为使此菜更鲜美，便将三杯酒改为一杯甜酒酿、一杯酱油、一杯香油，并称"三杯鸡"。

从三杯鸡的制作过程，不难看出这道菜具有味浓、香酥的特点，这也体现出赣菜的基本特色。

当然，由于各地气候、特产等自然条件的不同，江西各地饮食口味也存在一定的差异。就以南昌、鄱阳湖区和赣南地区而言，这三地菜肴的不同之处是：南昌菜吸取了本省和外地的一些地方风味的长处，善于变化，花色品种较多，讲究配色造型；鄱阳湖区的菜则以烹制鱼、虾、蟹水产品见长，选料注重活生时鲜，味道清鲜；赣南菜制作精细，注重刀工火候，汁浓芡稠，对鲜鱼的烹制有独到之处，如"小炒鱼""鱼饼""鱼饺"素有赣州"三鱼"之称。

赣菜的菜式具有较广泛的适应性，既有各种筵席菜，也有适应家庭便宴和民众聚餐的菜肴。

江西筵席菜肴有以鱼为主的鱼席，也有以咸鲜兼辣的地方风味菜肴，并配以时令蔬菜、水果，组合新颖，品种繁多。江西传统筵席的主要菜肴品种有：海参眉毛肉丸、三杯鸡、红酥肉、南丰鱼丝、文山里脊丁、清炖武山鸡、清蒸荷包鲤鱼、炒血鸭、小炒鱼、炒石鸡等。

家庭宴会菜式，习惯用全鸡、全鸭、全鱼制作的菜。此外，号称四星望月的粉蒸鱼就是一道著名的家宴菜。常用的家宴菜有：白浇鳙鱼头、红松鱼、香菇炖鸡、炒米粉、永新狗肉等。

大众化菜式亦称家常菜，这种菜式取料方便、制作简单，一般家庭随时都可制作，餐馆中也有家常菜的供应。常见的家常菜有：米粉肉、家乡肉、黄瓜拌肚尖、糖醋鲫鱼、炒三冬等。

> 江西历史悠久，许多菜都有其丰富的文化内涵和典故传说，如曾留下"人生自古谁无死，留取丹心照汗青"这一豪言壮语的南宋爱国丞相文天祥，一生浩然正气，忠心报国。民间至今流传，文山里脊丁也与他有关。

文山里脊丁是江西省的一道名菜。相传南宋末年，文天祥任右丞相时，坚决主张抵抗元军的南侵。端宗景炎二年（公元1277年），他亲自率兵进攻江西，收复了许多被元兵占领的失地，深得群众拥护。有一天，他带兵路过江西吉安时，乡亲们纷纷前去拜访他，鼓励和支持他的抗元斗争。乡亲们的爱国热忱极大地鼓舞了文天祥。

为了感谢乡亲们对他的信任，文天祥便在家中设宴，并亲自下厨房为乡亲们烹菜。乡亲们见文天祥这样礼贤下士，都开心地笑了。有一位长者捋着胡须打趣地说："你这个状元宰相还会自己作菜，君子不远庖厨了。"文天祥也笑了，他脱去官服，换上便装，卷起衣袖，扎上围裙，走进厨房。

「文山里脊丁」

乡亲们一是出于尊重，二是出于好奇，也都跟着他来到厨房，要亲眼看看这位宰相如何烹调。只见文天祥不慌不忙地取过一块去掉筋膜的猪里脊肉，用刀轻轻将肉拍松，切成四分见方的肉丁。又取过冬笋，切成与肉同样大小的丁，放在一旁备用。然后，把肉丁放入碗中，加上盐和鸡蛋清，用手抓匀后，放入湿淀粉中拌匀，再放入滚热的油锅中用铲子搅散。待肉转色后，随即捞出。接着文天祥又把锅放到旺火上，用少许猪油将切好的干辣椒和冬笋丁煸炒了几下，又倒上一些汤、酱油、料酒、白糖、醋等佐料，并用湿淀粉勾芡。最后，又见他将过好油的肉丁和香葱倒入搅动了几下，淋上几滴香油，于是，一盘颜色红润、香味扑鼻的肉丁便出现在乡亲们的眼前。在整个烹调过程中，文天祥有条不紊、动作娴熟，宛如一位庖厨。乡亲们都看呆了，品尝后，更觉肉丁滑嫩爽口，味辣而鲜，油而不腻，十分可口。于是满座啧啧，赞不绝口。

散席后，大家纷纷仿制。由于文天祥号文山，乡亲们便将这个菜取名"文山里脊丁"。自此，文山里脊丁便流传于世。

地方风味浓郁的安徽饮食文化

安徽位于华东西北腹地，长江、淮河由西向东横贯境内，被黄山、九华山、大别山、天柱山等蜿蜒的山峦分划成江南、江淮、沿江三个自然区域。江南（又称皖南）山区奇峰叠翠，山峦相连，风景秀丽。江淮（又称

（皖中）之地丘陵起伏，田畴丰饶。淮北平原沃野千里，良田万顷。

安徽境内气候温暖湿润，四季分明，土地肥沃，物产富饶。优越的自然环境和气候条件，为安徽饮食文化提供了地方特色浓郁的物质基础。

● 徽菜的起源与物质基础

徽菜即安徽菜。徽菜起源于黄山之麓的徽州（今安徽歙县），它以烹制山珍野味、河鲜与讲究食补见长。以选料严谨，火功独到，原汁原味，菜式多样，适应面广为主要特征。

1.徽菜的起源

徽菜的起源与发展，与徽商的崛起与兴盛有着密不可分的联系。史称"新安大贾"的徽商，起于东晋，唐宋时日益发达，明末至清代中期是全盛时代。当时，徽州籍商人活动地域之大，经营范围之广，人数之多，拥有资本之雄厚，均列全国商人集团之首。

由于徽商外出，饮食商贩也跟随这些徽商在外经营菜馆、面馆以及饮食摊挑，尤以绩溪人经营饮食业者为多。可以说，徽菜就是随着徽商在国内的经营、兴盛而不断发展完善起来，并且随着徽商不断扩大的经营地盘而逐渐流向各地，足迹几遍天下。形成哪里有徽商聚集，哪里就有徽州风味菜馆之势。20世纪初以来，徽菜餐馆遍布上海、武汉、南京、苏州、扬州、芜湖等大中城市，据不完全统计，上海历史上的徽菜餐馆有130多家，武汉也有40多家。在20世纪二三十年代，上海饮食业中徽菜馆的数量仅次于扬州菜馆。同时，由于扬州是徽商聚集之处，徽菜馆多而烹制精，还对扬州菜产生了一些影响。扬州饮食业所做的"徽州饼"（就是"歙县黄豆肉馃"），还保持着较醇正的徽州风味，由此可见徽州风味影响之广。

「徽州饼」

2.徽菜的主要原料

徽菜的形成还与安徽的地理环境、经济物产有密切的关系。皖南山区盛产茶叶、竹笋、香菇、木耳、板栗、枇杷、雪梨、香榧、琥珀枣和石鸡、马蹄鳖、鹰龟、桃花鳜、果子狸等山珍野味；沿江、沿淮及巢湖等处，淡水鱼类资源丰富，如长江的鲥鱼，淮河的冰鱼、肥王鱼，巢湖的银鱼，泾县的琴鱼，桐花河的桐花鱼以及三河螃蟹等，都是久负盛名的席上珍品。安徽还盛产粮油蔬果、鸡鸭猪羊。著名土特产品有：涡阳苔干菜、太和香椿、砀山酥梨、萧县葡萄、屯溪青螺、怀远石榴、徽州雪梨、宣城蜜枣、南陵青果豆、歙县黄山药、黄山毛峰茶等，这些蜚声中外的饮食原料，为安徽饮食文化的发展奠定了深厚的物质基础。

⦿ 徽菜的三种味型

由于安徽分为三个自然区域，也就形成了三种地方风味，即皖南、沿江、沿淮三种，而这也就构成了徽菜三种味型。

1.皖南风味菜

皖南菜为安徽菜肴的主要代表，起源于黄山麓下的歙县。这一地区的菜肴以烹制山珍野味著称。据史书记载，早在南宋时期，人们用皖南山区特产"沙地马蹄鳖、雪天牛尾狸"做菜，已成为"歙味"的代表菜。马蹄鳖是一种生长在山涧中的甲鱼，它的腹色青白，肉嫩胶浓，食之无泥腥味，当地民歌形容马蹄鳖为："水清见沙地，腹白无淤地，肉厚背隆起，大小似马蹄。"牛尾狸又名果子狸，本地群众称之为"白额"，它的肉质鲜嫩，富于营养，是传统的冬令珍食。

「清炖马蹄鳖」

歙县问政山出产的竹笋，皮红肉白，异常鲜嫩，堕地即碎。据《安徽通志》记载："笋出徽州六邑，以问政山者味最佳。"笋是徽菜中常用的主配料，而以歙县所产为好。

皖南菜在烹制技法上擅长烧、炖，十分讲究火工，习用火腿佐味，冰糖提鲜。菜肴制作具有芡大，油重，朴素实惠，善于保持原汁原味的特点。不少菜肴都是采用木炭以微火长时间炖，并以原锅上桌，香气四溢，诱人食欲，体现了徽味古朴典雅的风格。

皖南菜的著名菜肴有：发菜甲鱼、清炖马蹄鳖、石耳炖鸡、黄山炖鸡、红烧果子狸、腌鲜鳜鱼等。

2.沿江风味菜

沿江风味菜以芜湖、安庆地区为代表，后发展到合肥。

芜湖、安庆滨临长江，水路交通方便，商业兴起较早。据文献记载，元代的芜湖已是"晚渡喧商旅，严城沸鼓茄"，一派繁华景象。到清代中期时，芜湖米市日兴。十九世纪中叶以后，芜湖被辟为对外商埠，安徽境内的长江两岸和江西东北角地区所产稻米，以此为集散地，运往上海、南京、广州、厦门、武汉、天津、青岛等地，粮商四集，使芜湖成为我国四大米市之一。这是芜湖饮食业历史上发展的鼎盛时期，由于南方客商多，饮食业在烹调技术和风味上都有了一些改进和提高。

沿江风味菜擅长烹制河鲜、家禽，讲究刀工，注重菜肴造型和色泽，善于用糖调味，做菜喜红烧、清蒸、烟熏，其烟熏技艺别具一格。烟熏时，有时用茶叶，有时用木屑，如有名的长江鲥鱼，除清蒸、红烧等一般制法外，还有用"黄山毛峰茶"来熏制的。这样熏制出来的鲥鱼，玉脂金鳞，油润光泽，吃起来茶香清馨，味道格外鲜美。又如有200多年历史的"无为熏鸭"，就是采用先熏后卤的独特制法，

「无为熏鸭」

吴头楚尾的赣皖饮食文化

使鸭子色泽金黄油亮,皮脂丰润,吃起来芬芳可口,口味隽永。

沿江风味菜的著名菜肴品种有:无为熏鸭、毛峰熏鲥鱼、清香砂焐鸡、砂锅清炖八宝鸭、火烘鱼、生熏仔鸡等。

3.沿淮风味菜

沿淮风味菜主要由蚌埠、宿县、阜阳等地方风味菜构成。由于受淮北平原多产杂粮影响,菜肴一般咸中带辣,汤汁口重色酽,重香料,喜用香菜佐味兼作配色,如"符离集烧鸡"是采用13味香料,先经高温卤煮,后用小火回酥,这样制出来的鸡,肉烂而连丝,嚼骨有余香。再如"奶汁回王鱼",是用淮河出产的回王鱼,放入滚油热汤中,用大火"独"汤,使鱼皮中的胶质析出,鱼肉内的蛋白质溶于汤内,故汤白似奶、肉质鲜嫩。

沿淮风味菜在烹调技法上擅长烧、炸、熘等,善用芫荽、辣椒、生姜、八角等配色调味,其常见味型有五香咸鲜、辣味咸鲜、椒盐辣味、鲜辣味、糖醋味、葱香味等。

沿淮风味菜的著名菜肴有:葡萄鱼、符离集烧鸡、糯果鸭条、香炸琵琶虾等。

◉ 徽味小吃

安徽小吃风味众多,各有特色:

皖南山区的小吃具有古朴典雅的风格,以蒸、煮见长,选料精细,造型美观,多以糯米、籼米制粉或磨浆淀粉为主料,常用精雕细刻的木模(即米馃印)制作,花纹清晰,古色古香。

沿江一带小吃品类繁多,花色齐全,蒸、炸、烤、煮各具特色,其口味受江浙影响,咸鲜略甜,制品精细,火功独到,其酥、糯、软、香之品质,老少咸宜。

沿淮、淮北的小吃品种以炸、烤见长,用料多以面粉、豆类为主,纯米制品极少,不少品种具有浓郁的乡土气息,讲究复合新鲜口味,往往一个品种的用料多达十余种原料,如油茶之类,其咸鲜复合之味,令人食后难忘。

安徽的著名小吃品种有：徽州的徽州饼、蝴蝶面、毛豆腐、黄豆肉馃，巢湖的小花狮头，肥西的三河米饺，蒙城的油酥饼，全椒的酥笏牌，和县的霸王酥，淮南的八公山豆腐脑，阜阳的稠，寿县的大救驾，庐江的小红头，芜湖的虾籽面、鳝鱼面、蟹黄汤包、小笼肉蒸饭和老鸭汤，安庆的江毛水饺、萧家桥油酥饼，蚌埠的烤山红、干菜包、五仁油菜，合肥的鸡血糊、冬菇鸡饺、银丝面、大麻饼、蚕蛹酥、包河藕粥、庐阳汤包等。据不完全统计，安徽的著名小吃品种约在百种以上。许多小吃的来历都有其丰富的历史典故，如合肥的大麻饼和寿县的大救驾。

合肥大麻饼是合肥的四大名点之一，在国内享有盛誉。此点系以面粉、饴糖、香油、芝麻等为主料，加拌白糖、冰糖、香油、熟糕粉及橘饼、青梅、桃仁、蜜桂花等作馅料，入烘炉炕制而成。其特点是形状整齐，饼面如蟹壳黄色，边沿泛白；吃起来脆而不焦，香甜柔软，具有丰富营养。

「合肥大麻饼」

据传，合肥大麻饼历史比较悠久，它的名称也是几经变化，先称"金钱饼"，再改叫"得胜饼"，后又谓之"鸿章饼"，这其中演进了一幕幕历史话剧。

最早可以追溯到北宋时期，合肥一带就用面粉制作一种铜钱大小、实心无馅的饼子，外表还布着密密麻麻的芝麻。当时称之为"金钱饼"，老百姓逢年过节时必备"金钱饼"食用，据说是图个吉利，招财进宝。

元朝末年，红巾军农民大起义在淮北地区爆发，合肥离淮北很近，也有很多穷苦农民加入了起义军。在朱元璋的队伍中，有个将领张得胜，他就是合肥人。有一次，朱元璋派张得胜率水军为开路先锋，攻打长江边的港口——裕溪口。张得胜带领的水军就是家乡子弟,为了让士兵们吃得饱,吃得好,更好地投入战斗,张得胜吩咐家乡父老制作一种以糖为馅的大"金钱饼",称作麻饼,作为水军的干粮。家乡子弟兵吃着家乡的特产点心,精神振奋,军威大增,一鼓作气地攻下裕溪口,打败元军,并乘胜攻下采石矶。这一仗的胜利,意义非同小可,为朱元璋不久后攻占集庆(今南京)奠定了基础。张得胜指挥的这一仗获得大胜,朱元璋感到非常满意,当他得知水军当时吃了家乡点心、战斗力倍增的事后,高兴地称这种麻饼为"得胜饼"。结果在明朝,"得胜饼"成为最流行的糕点之一。

经过 500 多年的流传,到了清代光绪年间,在合肥有一位名为刘东泰的人,他原是清末洋务大臣李鸿章家中的管事,后辞官回乡,在合肥开了家食品杂货店。他雇佣几名糕饼师傅,对流传已久的"得胜饼"加以改进。他们将饼做得更大,加大馅的内容、分量,表皮的芝麻粘得更饱满、均匀,色泽黄亮。新制作的大麻饼上市后,购买者蜂拥而至,店家供不应求,大家都称赞它特别好吃。刘东泰的生意火红,这时他想到李鸿章曾很喜欢吃家乡合肥的那种麻饼,就叫师傅精制 800 筒(一筒 10 个)大麻饼送给了李鸿章,作为新年贺礼。李鸿章品尝后,连连称好,又将它们分赠给朝廷的同僚。就这样,刘东泰的产品一下子出了名,流传全国。刘东泰为了感谢老上司的赏识,便把大麻饼叫作"鸿章饼"。

现在,合肥大麻饼饮誉省内外,畅销全国各地。

> "大救驾"是安徽古城寿县流传千年的美味名点。此著名点心系用面粉、绵白糖、冰糖、猪板油及其他多种果料合制而成。它形状独特、扁圆,中间呈急流漩涡状,多层花酥叠起,犹如金丝盘绕,清晰不乱,色泽乳白滋润。品尝之,油而不腻,酥脆可口,而且含多种果香味,老少皆宜。

这样一种受广大人民群众深爱的食品,为什么叫作"大救驾"呢?如

「大救驾」

此独特的称谓，更会增加人们的好奇。

据说，五代的后周在柴荣的统治下逐渐强盛，大有统一全国的势头。可是，当时后周统一全国的最大障碍就是在十国中势力最大的南唐，周决定搬掉这个大石头。公元956年，柴荣派大将军赵匡胤攻取南唐的淮南地区，在攻取淮南军事重镇寿春时，遭到南唐军队顽强的抵抗。其时，寿春的守将是南唐的优秀将领刘仁赡，长于计谋，他率部将孙羽、监军使周廷构坚守不出。双方邀烈对抗，苦战达九个多月，后因城内弹尽粮绝，刘仁赡病倒、不省人事，周廷构才以仁赡名上表投降。

这场旷日持久的攻坚战，不仅让周军付出很多条生命的代价，活着的将士也被耗尽精力。作为主帅的赵匡胤更是殚精竭智，亦因劳累过度，显得疲惫不堪，以致于进城后体伤神黩，不思饮食。这可急坏了部下众将士，特别是跟随主帅身边多年的厨师，见主人如此境况，心里更是焦急万分，想方设法在饮食上翻新花样，仍是没多大效果。

一连几日，赵匡胤的厨师遍访寿春城，寻求开胃的名食，以改善主帅的口味，使他康复。后来，他参照当地有特色的点心，略加改进，做了一种圆饼献上。赵匡胤看到这种色如凝脂、金丝盘绕的糕点，顿时胃口大开，竟一口气吃了很多，食欲大振。赵匡胤恢复食欲后，也很快消除了疲劳。

几年后，赵匡胤陈桥兵变，黄袍加身，伐后周，即帝位，诛灭群雄，建立起北宋王朝，结束了五代十国的混乱局面。赵匡胤成为宋朝的开国皇帝，他忘不了寿春攻城的苦战，也没有忘记当年在寿春吃的圆饼，他说："那次鞍马之劳，战后之疾，多亏这圆饼点心从中救驾。"于是应寿春地方官吏之请求，赐名为"大救驾"。

自此以后，"大救驾"的名称和制法便流传下来。千百年来经过厨师们的不断改进，使其质量和风味更臻完美。现今"大救驾"已成为安徽淮南地区的名点，并从而享誉全国。

赣皖饮食民俗

江西与安徽，虽然在地理位置上比较接近，但在饮食习俗上并不完全一致，可以说是有同有异，下面拟分作论述。

◉ 江西饮食民俗

江西大部分地区以稻米、小麦、甘薯为主食，并辅以其他面点、羹、米粉等。城镇居民喜食晚米，乡村百姓则多吃糙米。但各地经济发展水平不一，有些贫困地区如安义、宜春等地，则常以米、粟、薯、芋为主食。近年，人们生活水平普遍提高，这些被人认为的五谷杂粮，反而更受城里人欢迎，价格比大米贵。城乡居民的主食品种已呈现多元化的趋势。

> 米粉是江西常见的一种食品，江西人制作的米粉粉质细白，久煮久炒不糊，上口糯韧。这种米粉制作工序复杂，先将米泡、磨、滤干，经过采浆、捏团、蒸果、碾团、晾干、漂洗、摊干等过程。

江西米粉的食法很多，吃时将米粉煮熟，可做成汤粉、炒粉、凉拌粉等花样，风味各异。汤粉，其味在汤，多以鸡汤、肉汤、猪骨汤共煮之，粉爽汤鲜；凉拌粉，用香葱、姜末、蒜泥、麻油、酱油、味精、精盐及花椒粉等调和成调味汁，用调味汁拌粉，常在春秋季食用，当地人还喜欢加黄瓜配食，味道更好；炒粉以牛肉炒粉为佳，也有用猪肉代替牛肉的，味道也不错。据说，南昌人烹制牛肉炒粉的历史起码也有几百年了。不过，以往只在逢年过节时才吃牛肉炒粉，平时并不烹制。烹制牛肉炒粉很讲究，首先得把浸好的上等米粉沥干水，将牛肉切成细丝，配上辣椒、生姜、葱段等，然后将辣椒入油炸一下，放牛肉下锅，边炒边加上汤、酱油、盐，再下米粉。待收干汁后，加菜油继续炒酥，下葱、姜、炒至有煎香味即可。成品肉嫩、粉软、味鲜，百吃不厌。

> 在副食上，江西人民喜食水产、鸡鸭、狗肉和豆制品。烹制菜肴时喜欢采用整鸡、整鸭、整鱼或整块的"猪蹄花"（前腿肉），用来红烧或清炖。江西南昌人也有"无鱼不成席"的说法，反映了这一地区的食俗特点。银鱼、甲鱼、鳝鱼、鳅鱼、桂鱼、青鱼、草鱼、鲫鱼、虾子都是江西民众常食的水产。

每年立夏前后，南昌等地民众喜欢烹制"米粉蒸肉"。米粉取大米加八角、桂皮等香料，入锅炒熟，研磨成粉，然后将五花猪肉切厚片，蘸上酱油、白糖、料酒、味精、滚上米粉，放入碗内，上笼蒸烂，翻扣在盘内即可。

冬令之际，江西许多地区都有用狗肉进补的习惯。狗肉食法很多，可炖、可烧、可卤。常见的方法是用砂钵焖烧。江西人认为吃了狗肉，浑身发热，不怕寒冷。

江西民众都非常重视春节食俗。年饭菜肴安排都很丰盛，一般都有十多道菜。讲究的家庭一般都有四冷、四热、八大菜、两个汤。一般来说，炒年糕、红烧鱼、炒米粉、八宝饭、煮糊羹是必不可少的。炒年糕寓意年年高升，红烧鱼表示年年有余。若用桂鱼，则表示富贵有余。炒米粉表示粮食丰收，稻米成串。八宝饭表示八宝进财。煮糊羹寓意年年富裕，对小孩则表示粘糊住口，不乱说话。年饭中的所有菜肴都可以吃，唯独鱼不能吃，意思是有吃有余（鱼），或年年有余（鱼）。

江西民间还流传这样一句俗谚："初一的崽，初二的郎。"意思是：初一时，儿女们要给父母亲拜年；初二时，女婿要给岳父岳母拜年。去拜年时还要捎带些年货孝敬老人，老人则杀鸡宰鸭予以招待。拜年时，主人用瓜子、糖果、点心招待客人。

江西城乡广大民众都有饮茶习惯，特别是在过去，城镇中人更有泡茶楼听说书之爱好，劳累一天，到茶楼去饮点茶，听说书人说唱东西南北事，欣赏通俗文艺，乃是一种大众文化的艺术享受。张恨水写小说，每写到茶楼就必有妙文出现，这和他少年时在南昌受江西饮茶文化熏陶密切相关。他不仅熟悉南昌茶楼习俗，而且深得其益，《燕归来》与《金粉世家》等小说多次出现茗茶妙语，便是见证。

饮茶配以点心，是江西人的传统习惯。一小碟瓜子或一碟五香豆，在说书人制造的艺术气氛中，享受人生乐趣。江西著名点心都与饮茶有关，故称点心为"茶点"。如花生、瓜子、豆子之类，都是大众化茶点；进而又有花生豆饼、芝麻米果、糯米年糕、五香豆干之属；再进一步便有制作精细之高级点心，如丰城冻米糖、遂川金橘饼、吉安薄酥饼、九江桂花茶饼、品香斋麻花、贵溪灯芯糕、吴城云片糕、赣南干果等享誉中外。

「丰城冻米糖」

江西名点配江西名茶，听江西戏，沉浸在江西饮食文化之中，实为一种人生享受。

● 安徽饮食民俗

皖中、皖南两个地区，隔江相望，在地理环境上颇有相似之处。如同有丘陵地带，可大面积种植水稻；同有山区，可产林茶、杂粮等；同有河湖，多产水鲜。因而两个地区人民的饮食习俗也大体相似。

在主食方面，皖中、皖南人民多以大米为主，山区人民还要吃点杂粮。徽州地区生产的稻花米，作饭香软，出饭率高，已推广到其他地区食用。宣州等地的血红糯米，被视为补品，已成为城市群众争购的粮食。因糯米性粘，平时不用来作饭，只是留做节日酿甜酒、制年糕，改善家庭饮食等。

主食除用纯米做饭外，还有山芋饭、菜饭，它将萝卜或芥菜、白菜等切碎在锅边蒸熟，放入油盐，和饭而食。还有豆饭，也是将豇豆等和饭煮食。用玉米粉和大米煮饭，称为"金玉良缘"。如有剩饭，可做水泡饭、炒饭，以鸡蛋炒饭为多。另外还有大米稀饭、菜稀饭、山芋稀饭、豆子稀饭、玉米稀饭、南瓜稀饭、糯米稀饭等。

皖西太湖县一带，善于加工锅巴。干饭吃完之后，留下锅巴，将米汤倒入锅中煮之，叫"锅巴粥"；还有将锅巴焙黄，装入瓷罐，用热肉汤泡食；也可以把锅巴用油炸一下，充作早点。安庆一带的重油锅巴，可谓一方名食。

在副食方面，皖中人一般不吃狗肉，有"狗肉不上拜"的谚语。皖南人喜欢吃蛇肉、野猪肉等野味山珍。

皖中、皖南人民还喜欢吃腌制的菜品，如白菜、雪里蕻、芥菜、豇豆、扁豆、刀豆、萝卜、生姜、韭菜、辣椒、蒜苗、蒜头、葱头、香椿等都可腌制。这一带的豆酱也做的好，安庆的蚕豆辣酱尤为著名。

我们祖先除已发明用盐及其他原料和豆配合制成豆豉、酱油的方法以外，并且还能用提炼的方法，将大豆所含蛋白质全部提出，使之凝结为豆腐，成为我国人民大众日常膳食中的主要营养品，这自然是我国劳动人民卓异天才的伟大创作。它发明的确实年代，虽缺乏史证可资考定，但经推断，至少也在 2000 年以前。据《天禄识余》所说："豆腐，淮南王刘安造，又名黎祁。"

关于豆腐的起源，已故著名学者张舜徽先生曾作过考证，他说："我们推想，这种发明绝不是当时的统治者刘安一个人闭门潜思所能创造出来的，而必然是远在刘安以前，劳动人民用于经常食豆煮豆，发现有时久煮而浓稠的豆汁可以凝结，于是加投盐卤或石膏少许，使之更快凝固成为豆腐。刘安不过是嗜好豆腐，推行其制造方法的一人罢了。后世乃以豆腐的发明归功于淮南王，这是不符合于事实的。（封建社会凡谈到事物发明，往往如此。）"这说明，刘安是在淮南人民，乃至当时更大范围内人民制作豆腐的基础上，加以总结推广其制造方法的一个人，因而在中国豆腐的发展史上还是有一定贡献的。

宋陆游诗有"拭盘推进食，洗釜煮黎祁"的句子。自注云："蜀人名豆腐曰黎祁。"元虞集文："乡人谓豆腐为来其。"明陈仁锡《潜确类书》记载次刘秀野蔬食豆腐韵："种豆豆苗稀，力竭心已腐，早知淮南术，安坐获泉布。"可知自宋以来，豆腐已成为一种大众食品。

明代李时珍在《本草纲目》中说："豆腐之法，始于汉淮南王刘安，凡黑豆、黄豆及白豆、泥豆、豌豆、绿豆之类，皆可为之。

造法：水浸，石岂碎，滤去渣，煎成，以盐卤汁或山矾叶或酸浆、醋淀，就釜收之。又有入缸内，以石膏末收者。大抵得咸、苦、酸、辛之物，皆可收敛尔。其面上凝结者，揭取晾干，名豆腐皮，入馔甚佳也。

气味：甘、咸、寒、有小毒。（原曰）性平。（颂曰）寒而动气。（瑞曰）发肾气、疮疥、头风，杏仁可解。（时珍曰）按延寿书云：有人好食豆腐中毒，医不能治。做腐家言：莱服入汤中则腐不成。遂以莱服汤下药而愈。大抵暑月恐有人汗，尤宜慎之。

主治：宽中益气，和脾胃，消胀满，下大肠浊气。宁原，清热散血。"

由此可见，豆腐不仅是一种理想的食品，而且还具有较高的营养和药用价值，因而一直深受安徽民众的欢迎。历史上也出现过许多善于制作豆腐的地方，如清代桐城人姚兴泉《龙眠杂记》中说："桐城好，豆腐十分娇，打盏酱油姜汁拌，秤斤虾米火锅熬。人各两三瓢。"这是指以豆腐脑做小吃的事。

皖中、皖南城乡都有豆腐坊。制品有豆腐、白干、酱干、臭干、千张、豆腐果、油炸泡、素鸡、豆腐皮、豆腐脑等。其中八公山的豆腐、豆腐脑，马鞍山的采石茶干，和县、屯溪的酱油干驰名省内外。豆制品也可同鱼、肉一起制作成可口的荤菜，如鱼头烧豆腐、银鱼煮干丝、干子炒肉丝、豆腐烧肉等，既是家常菜，又可待客。豆腐还可以做出一些传世名

「凤阳酿豆腐」

菜，如凤阳酿豆腐。

凤阳酿豆腐是选用猪里脊肉、鸡脯肉、鲜虾仁合在一起剁成三合肉馅，再将肉馅包在两个铜钱大小的圆片豆腐内。另用鸡蛋去黄留蛋清，打成雪山状的泡，与干淀粉一起调成蛋清糊。将豆腐夹馅滚蛋清糊，入油锅两次烹炸后，浇上由白糖、山楂、醋熬成的卤汁而成。其特点是外形滚圆，色泽金黄，趁热浇上卤汁，端上桌时还发出"吱吱"的响声，吃起来外脆香内嫩鲜，甜中还带点酸，清爽可口。凤阳酿豆腐之所以有名，这与朱元璋有一定的关系。

据传，明朝朱元璋在南京坐了皇位后，这个乞僧出身的皇帝尝遍山珍海味、天下名菜佳肴，口味愈来愈刁钻，只觉得御厨的菜肴索然无味，就这样换了几个御厨、又斩了几个御厨，人命不如一碗豆腐。马皇后见状，想到当初一同行乞的厨师黄心明会做"珍珠（禾）、玛瑙（豆腐）、翡翠汤（菠菜）"，于是进谏："皇上何不把黄心明招进宫来做豆腐呢？"一句话提醒了朱元璋，于是命凤阳县令查访黄心明，克日赴京。不数日，黄心明被送进宫，倒也格外亲热。寒暄过后，黄心明便奉旨下御厨为皇上烹调豆腐，他认真总结了前几位厨师失败的原因，细心揣摩朱元璋的口味。朱元璋生长在淮河之滨，转战于滁、徽州之间，口味宜徽、扬菜兼而有之，宜素、宜酥、宜嫩。他悉心研试，独创了"把三关"（选料、制作、火候）、"走四步"（做菜坯、打蛋清、下油锅、熬糖汁）烹饪方法。菜品呈给朱元璋品尝，他赞不绝口；"外酥内嫩，鲜美爽口，清香盈口，味同樱桃，甚合朕意。"因而黄心明身价百倍，他所做的豆腐被朱元璋命名为"御菜酿豆腐"，是明朝国宴御席上的一道名菜，闻名天下。

从这个故事可以看出，安徽人民在饮食上是具有创新精神的。此外，安徽民众，特别是徽州民众，自古以来在饮食生活习俗上还有一个显著特点——节俭。《歙事闲谭·歙风俗礼教考》说："家居务为俭约，大富之家，日食不过一脔，贫者盂饭盘蔬而已。城市日鬻仅数猪，乡村尤俭。羊惟大祭用之，鸡非祀先款客罕用食者，鹅鸭则无烹之者。"

徽州人虽然在饮食上比较节俭，但并不粗糙，他们非常善于利用最普通的原料做出富有地方特色的风味小菜。比如，每当大白菜上市时，各家各户都动手将大白菜去叶留帮，切成一寸多长、韭菜叶宽的丝条，用盐腌上，置于席子上晒，待到白菜回软时，把菜油炼老、冷却，淋在白菜上，再撒上五香、八角的粉末，辣椒粉，蒜泥以及炒香的黑芝麻，然后密封于坛中，约 20 多天后即可食用，味道很好，被称

「 徽州"香菜" 」

为"香菜"。徽州小吃都有这种特点。

　　皖北地区，是指淮河以北的宿县、阜阳两地区和淮北市一带。这一地区的食俗与皖中、皖南迥然不同，但沿淮一带，如蚌埠、淮南等地又与其有相似之处。

　　皖北是以生产小麦、玉米、高粱、山芋、豆类等杂粮为主的地区，因此这一地区的人民以面食、杂粮为日常主食，一般是收啥吃啥。面制品有馍、饼等。烙饼人们最喜食，制法也很多。有把饼烙熟后，将菜卷在饼内吃。另一种是把两张饼合在一起，中间放入青菜鸡蛋，再炕热，叫菜盒子。还有把饼放入汤内吃，称之为烫馍等。杂粮制品也很多，如皖北有"红芋饭、红芋馍，离了红芋不能活"的话。红芋是山芋的别名，由此可想到山芋在皖北群众日常饮食中的重要地位了。近些年来，皖北人民的日常饮食结构开始出现了一些变化，农村在吃玉米、高粱、山芋等杂粮的同时兼吃米饭，这是人民生活水平提高的一个可喜的现象。

　　由于皖北地区人民的日常主食都包有新鲜肉馅、菜馅，如水饼、菜盒子之类，因此用餐时不需要用其他菜佐食。就是面条、疙瘩汤等流食，也多以青菜、油、盐等调味，不另做菜也可以饱餐。大馍、煎饼、卷子、粉馃、大饼等一般食品，在制作时，也要放入盐、姜、五香粉、麻油等多种作料，又经过油煎、油炸或火坑，香酥可口，有辣酱、腌蒜、大葱等佐餐即可。

　　皖北地区的人民，平时吃面食还有喜欢喝汤的特点。这种汤往往是把几样菜烩成一锅，调味品放得很少，放入少量的淀粉勾芡，既当菜吃，又

是面食，且量大，往往用瓢舀到碗里，一碗一碗地喝，人民称之为"喝汤"。有些家庭甚至以喝汤代替吃饭。人们相互见面时常常问道："喝过汤没有？"一些较富裕的家庭，对喝汤也很讲究，同样是一锅杂烩汤，里面却放入鸡肉、木耳、金针菜、鸡蛋等，质量很高。

皖北人民喜欢饮酒，有"无酒不成席"之说，这与阜阳、宿县一带盛产酒分不开的。其中，亳州的古井贡酒、古井玉液，淮北市的口子酒，涡阳的高炉特酒等尤为著名。

┃ 吴越饮食文化 ┃

俗话说："上有天堂，下有苏杭。"那么，我们也可以说，扬州、苏州、杭州等地的饮食，也是长江下游地区饮食的天堂。

　　江苏、浙江是中国东部沿海经济比较发达的地区，也是古代吴越文化的发祥地。吴越饮食文化具有一些共同的地域特色，但即使在这一地域内，也存在不同差异。本章主要论及其有代表性的地域，试图从一个侧面反映出长江下游的饮食文化特色。

饮食的"人间天堂"

　　俗话说："上有天堂，下有苏杭。"那么，我们也可以说，扬州、苏州、杭州等地的饮食，也是长江下游地区饮食的天堂。

　　虽然从总体上来考察，长江下游的饮食风格有许多相同之处，但事实上："一江之隔味不同。"这是长江下游的饮食文化学家邱庞同先生对长江两岸的扬州、苏州的饮食风味所作的生动、形象、准确的概括。

　　杭州的饮食风味，比较接近于苏州，而较异于扬州，因此这里着重将淮扬与苏州的饮食风味作一介绍，以见其略同。

◉ 淮扬风味的由来

　　淮扬地区是指以扬州为中心，北至洪泽湖周围近淮河以南，东含里下河及沿海一带。这里的菜肴风味统称淮扬风味，加之古有"淮海惟扬州"之说，惟与维同义，因此淮扬又称维扬。

　　扬州，古名邗城、广陵，位于长江北岸、京杭大运河与长江交汇处，是一座有2400多年历史的古城。早在春秋时期，吴王夫差北上伐齐时，就在长江下游北岸开邗沟，筑邗城，这邗城就是扬州的雏形。扬州之名，始于隋代。

　　扬州属于我国北亚热带季风气候。这里四季分明，风雨调和，气候温和。境内无高山峻岭，属于江淮大平原，河流湖泊纵横，农副产品丰富，为鱼米之乡。王士禛在《东园记》中说：此处"物产之饶甲江南。"李斗《扬州画舫录》中也描绘说："山地种蔬，水乡捕鱼，采莲踏藕，生计不穷。""居人固不事，惟蒲渔菱芡是利，间亦放鸭与生。"时鲜菜蔬鹅鸭鱼藕，珍禽水产，四时八季各有所备，"春有刀鲚，夏有鱼回鲋，秋有蟹鸭，冬有野蔬"。正如何嘉延《扬州竹枝词》所描绘的那样："贩鲜船子两头尖，泼刺银鳞入市廛。怪底车螯滋味淡，贾来虾酱不用盐。"丰富的物产为城市市民生活之需提供了一个巨大的农副产品货源。

扬州地处江淮要冲，北临淮河，南拒长江，东濒大海。自南北大运河开通以来，它又成为南北大运河与长江交汇点。"以地利言之，则襟带淮泗，锁钥吴越，处荆襄东下，屹为巨镇，漕艘贡篚，岁至京师者必于此焉是达。盐之利，邦赋攸赖。若其人文之盛，尤史不绝书"。康熙《扬州府志》也记载说："若夫舟樯栉比，车毂鳞集，东南数百万漕艘浮江而上，此为扼吭。沈括所谓百州岁徙之人往还其下，日夜灌输京师，居天下之七。"北方的大豆、麦子、杂粮及油粮作物，南方苏杭的日用品及湖广、江西的粮食、果品和土特产品于此集散交易。两淮盐区中淮南盐及部分湖北盐于此溯长江而上，行销江苏、安徽、湖南、湖北、江西等省。扬州成为全国著名的交通、经济和文化中心城市之一，并素以"多富商大贾，珠翠珍怪之产"，"号天下繁侈"而闻名。隋唐时已是南北交通的枢纽和东南沿海地区对外经济、文化交流的一大都会和重要港埠。

从隋唐到清末的1000多年间，扬州一直极其繁盛。隋炀帝、康熙帝、乾隆帝曾巡幸扬州，也必然将各地饮食文化带到了扬州，促进了扬州烹饪技艺的发展。

扬州是淮盐的主要集散地，正如徐谦芳《扬州风土记略》卷上就说："扬州土著，多依鹾务为生，习于浮华，精于肴馔，故扬州筵席各地驰名，而点心制法极精，汤包油糕，尤擅名一时。"官僚、文人、盐商、富豪都在这里集聚，著名文学家王士禛，在任扬州府推官时，他自序"每于谳诀之暇，呼朋携酒，往来于平山红桥间"，宋荦说他"与诸名士文宴无虚日"。另一著名文学家、美食家袁枚，他与扬州有着不解之缘，对扬州园林情有独钟，三妹、四妹都嫁在扬州。他经常往来南京与扬州之间，即使年届80，每逢平山堂梅花盛开，便来到扬州。他来到后，以诗求见者如云集。扬州太守谢启昆、盐运使卢雅雨等，缙绅程家、洪家、朱家等，时有邀约宴请，好友郑板桥、金农、尤荫、王梦楼等，和他常雅集。他的足迹还留在了定慧庵、广滋寺等寺观，"席上尝多味，笔端美味浓"。明清时期，扬州饮食市场即因此也显得十分繁荣，著名餐馆就有数十家，每天顾客盈门，这都刺激了淮扬菜品种的不断增加和质量的提高。《桃花扇》作者孔尚任在《有事维扬诸开府大僚招宴观剧》诗中对扬州的饮食作了较为生动的描写："东南繁华扬州起，水陆物力盛罗绮。朱橘黄橙香者橼，蔗仙糖狮如茨比。一客已开十丈筵，客客对列成肆市。"可见扬州饮食市场之繁荣。

◉ 淮扬菜的特点

淮扬菜在漫长的历史发展中，形成了自己独特的风格，主要有以下几个特点：

「蟹黄狮子头」

第一，选料以鲜活、鲜嫩为佳，并且十分讲究根据不同时令选取原料。如食用青菜讲究取心，苋菜讲究取嫩，冬笋讲究取其尖，野鸭讲究取其脯，虾、蟹讲究取鲜活等。

扬州民间有许多关于选料讲时令的传统说法，如"醉蟹不看灯，风鸡不过灯。""刀不过清明，鲟不过端午。"又如"淮扬狮子头"这款名菜，是一年四季随时令变化而用不同原料烹调的，春秋宜清炖，冬季宜红焖；春节做河鲜芽笋狮子头，秋季做蟹粉狮子头，冬季做芽菜风鸡狮子头；就连狮子头所用猪肉也要求肥瘦搭配，因时制宜。

此外，淮扬菜还十分强调用当地名产，以保持其特有的风味。如靖江的肉脯、中堡的醉蟹、泰兴的银杏、高邮的双黄蛋、龙池的鲫鱼、高宝湖的麻鸭等，都是扬州的名特食品。只有用这些名产原料制作菜肴，才具有浓厚的地方风味。

第二，调味讲究清淡入味，尤其重视本味。淮扬菜的荤菜增鲜，一般是使用清鸡汤或虾米；素菜增鲜常使用豆芽、蘑菇、笋子、笋汁、笋粉，以保证菜肴的味正汁醇。

> 淮扬菜讲究保持原料本味，并不是反对调料。它也很注重用调料增加主料的本味，使热菜浓香袭人，使冷菜清香四溢，使汤菜淡香扑鼻。

为达到上述要求，淮扬菜在烹调过程中格外讲究用调料保持和增加主辅料的原有香味。如在成菜时加以适量料酒和少量醋，或者加入麻油、胡椒粉、甜酱、芝麻酱等，就可以增加主料的原有香味。淮扬菜在利用辅料增加菜肴香味上，也颇有学问，如利用荷叶的清香烹制的荷叶肉，利用西瓜的清香烹制的西瓜盅，都别具风格，使食物清香之气大增。

淮扬菜十分讲究运用火候，以使食物本身的香味充分发挥出来，火候不到，香味就不能充分发挥出来；火候过头，又会使香味跑掉，变成焦味。如蒜、葱、姜用油爆则香味浓；生韭菜有臭味，急火快炒则产生韭香味；韭黄有清香味，炒过火则清香味尽失。

第三，在保证口味的前提下，做到色泽鲜明，浓淡相宜，清爽悦目，使食者在未动箸之前，先得到美的享受，从而精神愉快，食欲大开。

淮扬菜十分重视根据不同季节，通过切配烹调，作出符合人们心理状态的菜肴，如夏季配制清淡色泽，冬季配制浓艳色泽，春秋配制浓淡相宜色泽。夏季的清炖鸡，汤汁清澈见底，鸡块鲜嫩洁白，衬以鲜红的火腿、绿色的菜芯，黑色的香菇，使人见之就清爽悦目。气温较低的季节，制作栗子黄焖鸡，色泽棕黄油亮，使人感到温暖。

第四，在火工方面，淮扬菜以炒、熘、煮、烩、烤、烧、蒸等为基本烹调方法，擅长炖焖，所制菜肴酥烂脱骨而不失其形，滑嫩爽脆而不失其味。淮扬菜在烹制过程中，十分注重根据菜品要求，针对原料质地老嫩、刀工形状大小，准确地掌握火候，使不同菜肴具有鲜、香、酥、脆、嫩、糯、韧、烂等不同的特点。如

「清汤三套鸭」

"清汤三套鸭"，就是采用家鸭、野鸭、菜鸽整料去骨，用火腿冬笋相隔，逐层套制，三味一体，文火宽汤炖焖，通过不同的传热程度，使菜肴保持形态完整、汤汁清澄，形成家鸭肥嫩、野鸭香酥、家鸽细鲜、火腿酥烂、冬笋鲜脆的特点。

第五，注重造型美观，别致新颖，生动逼真。淮扬菜十分注重根据原料的自然形态，通过切配、烹调、装盘、点缀等技法，使菜肴达到色、香、味、形俱佳的境地。

淮扬菜还精于瓜果雕刻，所制的西瓜灯，玲珑剔透，飞禽走兽，栩栩如生。

一江之隔味不同——苏扬风味的比较

以苏州为中心的苏南饮食文化圈，主要包括太湖平原，以及阳澄湖、泖湖、鬲湖周边风味，其影响远较行政区域的"苏南"为大。

太湖，古名震泽，《尚书·禹贡》中也有"三江既入，震泽底定"的记载。三江指的是古代太湖出水的三条主要干流。太湖号称有2400平方千米，是我国五大淡水湖之一，也是著名风景区。从三面环山的洞庭东山，到烟波浩渺、气势雄伟的无锡鼋头渚，湖山宛如一条起伏的翠龙，怀抱着太湖。

太湖湖面开阔，湖底平坦，水草丰美，而且水位比较稳定，有利于鱼类的繁殖生长，是我国著名的淡水水产基地。湖中有青、草、鲢、鳙、鳊、鲤、鲫等30多种鱼类，另有螺、蚌、蚬、蟹等底栖动物40多种。银鱼是太湖定居性鱼种，晶莹如玉，娇小可爱，肉质洁白细腻，无骨刺，无腥味，堪作席上佳品。

太湖的船菜极富特色，可以称之为湖上的水产筵席。人们泛舟湖上，不仅可以观赏湖光山色，而且可以品尝太湖盛产的各种名鱼。如太湖清水虾，肉嫩味鲜，举世闻名，既可以清炒，也可以煮食，还可以生吃。

据清人顾铁卿《桐桥倚棹录》记载，清代苏州有一种餐船，名为"沙飞"，其船尾为灶舱，中间为"餐厅"，"以蠡壳嵌玻璃为窗，桌椅都雅，香鼎瓶花，位置务精"，"酒茗肴馔，任客所指"。船大一些的，可摆三桌宴席，小的可摆两桌。在供应方式上也有特色，要求主人必须预订好"沙飞"，然后"先期折柬"，和客人约好时间，届时用小舟把客人送到"沙飞"上欢宴。而宴会常常是在晚间举行，"入夜羊灯照春，凫壶欢客，行令猜枚，欢笑之声达于两岸。迨至阑人散，剩有一堤烟月而已"。这个乐趣，实难言传。

正是由于苏州处于太湖之滨，所以苏州菜特别善于烹制河鲜之物，这与扬州菜略有不同。对此，《中国菜谱·江苏专辑》中的前言，对苏州、扬州两地的菜肴特色作过介绍，兹录如下：

苏州菜口味趋甜，配色和谐，刀工细致，清新多姿，时令菜应时迭出，烹制的河鲜、湖蚧、蔬菜尤有特长。

扬州菜清淡适口，主料突出，刀工精细，制作的鸡类、江鲜都很著名，肉类菜品也富有特色，瓜果雕刻栩栩如生。

有比较才会有鉴别，以上两段话是由江苏饮食业的专家在对比苏扬风味的基础上，精心推敲写出的评语，应当是比较准确的。

苏州在长江之南，扬州在长江之北。一江之隔，两地菜肴的风味也就发生了差异，这是什么缘故呢？对此，邱庞同先生作过细致的考证，他认为："从历史上看来，北方人嗜咸，南方人嗜甜。据历史学家卞孝萱先生分析，扬州在地理上素为南北之要冲，因此在肴馔的口味上也就容易吸取北咸南甜的特点，逐渐形成自己'咸甜适中'的特色了。而苏州相对受北味影响较小，所以'趋甜'的特色也就保留下来了。"

不过近年来，苏州菜的风味也略有改进，趋甜的特色逐渐改为趋清鲜。

苏州及苏南地区的名菜主要有：松鼠桂鱼、雪花蟹斗、母油船鸭、早红橘络鸡、肺

「苏州松鼠桂鱼」

汤、莼菜鲈鱼羹、碧螺虾仁、鸡茸蛋、常熟叫化鸡、无锡香炸银鱼、镜箱豆腐、樱桃肉、乳腐肉、宜兴汽锅鸡、常州糟扣肉等。这些菜肴，远近闻名，脍炙人口，不仅色、香、味、形俱佳，并随一年四季季节变化而变化，冬季色浓而不腻，酥烂脱骨而不失其形；夏季则色清而不淡，滑嫩爽脆而不失其味。

苏扬风味小吃

● 苏州小吃

江苏小吃源远流长，具有浓厚的乡土地域特色，各地都有自己的特色小吃。大体而言，可分为苏州、扬州和南京三个区域。

苏州小吃以制作松软糯韧、香甜滋润的糕团见长。许多苏州人都相信这样一个传奇的故事，在春秋时期，吴国大夫伍子胥受吴王阖闾之命，负责修筑阖闾城。这座城周长47里，动用了成千上万民工，花了三年多的时间才完成，这就是历史上最早的苏州城。

阖闾城完工后，吴王阖闾大摆宴席庆功。宴会上，吃的是山珍海味，饮的是美酒琼浆，群臣你呼我叫，猜拳行令，一个个烂醉如泥。阖闾高兴得忘乎所以。伍子胥见到这种情形，心中觉得有种危险已潜伏下来，不由得忧虑重重。宴席散后，伍子胥对他的贴身随从说："吴王不能居安思危，将来必有大祸。将来我死了，如果吴国遭遇灾难，人民忍饥挨饿，可往相门城下掘地三尺觅食。"

阖闾死后，夫差继为吴王。夫差更加花天酒地，挥霍无度，也更加固执己见，狂妄自大，最终听信谗言逼死了伍子胥，曾经强大一时的吴国，灾难即将来临了。几年之后，吴越之战，苏州城被围困，城内的老百姓断了粮。此时偏偏又是年关，断炊威胁着城内的军民，饥饿笼罩在苏州城上，情景异常凄惨。伍子胥当年的随从，如今也已年老体衰，被饥饿折磨得奄奄一息。正当他朝不保夕准备命归黄泉时，突然想起从前主人伍子胥对他说的那番话。顿时，他来了精神，急忙招呼子女和邻里们，带着工具赶往相门。他们按照当年伍子胥的说法，挖呀挖，当大家在相门城脚下挖到三尺深的地方，竟然发现一块块城砖不是泥土烧的，而是糯米粉做的。人们这才知道伍子胥的爱民如子、居安思危之良苦用心，他们一个个感激万分，纷纷跪下，拜祭伍子胥。然后，他们取回这糯米粉砖，度过了灾荒。从此，人们都用糯米粉做成糕团来食用，以纪念救民于危难的伍子胥。久而久之。糕团就成为苏州的地方特色名点。

如今，苏州糕团的制作有了较大的改进，它形态各异，种类繁多，是有近百个成员的大家族。苏州糕团采用糯米粉或大米粉为原料，再与各种不同的辅料、佐料相配，以制成不同的品种。著名的糕团品种为：五香大麻糕、松子薄荷糕、松子黄干糕、枣泥松仁糕、五色荤油大方糕、九层糕、卷花糕、

「黄天源的糕点」

椒盐桃麻糕、绿豆糕、蛋黄赤豆猪油松糕、蜜糕、脂油年糕、粢饭糕、桂花糖年糕等。

苏州糕团不仅品种多，而且造型美观，色彩雅丽，气味芳香，味道佳美。苏州的糕点有花卉瓜果、鸟兽虫鱼、山水风景及人物形象等造型。苏州糕点重视色彩，但多用天然色素，如红曲汁、小麦叶汁、青草汁、鸡蛋黄、黄瓜仁、饴糖等。在香味上，也多取用桂花、玫瑰、薄荷、麻油等。在口味上，以甜为主，兼有椒盐、咸等。总之，苏州糕团的色、香、味、粘、型都很别致，富有特色，如用小麦叶汁配色的青团子，色泽青绿，清香扑鼻，皮绵软而馅酥松，是苏州时令糕团的典型代表。可以说，苏州糕团是我国名点小吃中的一支奇葩。

◉ 扬州小吃

维扬细点的起源，距今也有 1000 多年的历史。到明清时，扬州小吃的品种已有人誉之为"夸视江表"。与苏州小吃的原料不同，扬州小吃则以面制品为主，其品种也是丰富多彩，如包子、蒸饺、烧麦、酥饼、开花馒头、蜂糖糕、卷子、徽州饼、麻团等。每一类中又有若干品种，如烧麦

有糯米烧麦、虾肉烧麦、翡翠烧麦等。

扬州小吃还应时变换花样，使人们常有新鲜之感，如春季有笋肉包子、荠菜包子，夏季有干菜包子，秋季有蟹黄包子、虾肉包子，冬季有野鸭包子等。

「千层油糕」

扬州小吃制作精细，如"千层油糕"，它的制作关键在于和面与擀面。如面要揉出"劲"来，擀面要薄，薄面皮擀出后，先在皮上涂上熟猪油，均匀撒上绵白糖、猪板油，再折叠成16层，然后轻轻擀成薄片，最后再折成四折，每折16层，共为64层。接着在糕面上撒上红绿丝，入笼蒸熟，取出凉透，切成菱形，吃时再蒸热。此糕呈白色半透明状，64层，层层分明，松软甜润，甚是可口。

六朝古都南京的金陵小吃，形成于魏晋南北朝时期。此后，秦淮小吃品种纷呈，风味各异，尤擅长酥点。

金陵小吃以南京夫子庙为集聚之地。夫子庙位于秦淮河畔，这里桥水辉映、风景秀丽。每逢年节庙会，人们划船观灯，停艇听笛，车水马龙，人山人海。茶坊酒肆比比皆是，小吃店铺如五芳斋、一品轩、六朝居、奇芳阁、永和园等达百家以上，其品种琳琅满目，应有尽有，历久不衰。如油炸干子、豆腐脑、五香回卤干、火烧、蛤蟆酥、甑儿糕、水饺、小刀面、馄饨、汤圆、春卷、乌龟子、凉粉、烧卖、洗沙油糍、酥烧饼、豆沙包、牛肉面、麻团、葱油饼等，可谓是四方小吃云集，咸甜荤素具备。

饮食民俗

从地理上来分，江苏可分为苏南和苏北两个区域。由于两地的自然环境与物产等因素的差异，两地在饮食上也各具特色，并形成了各自的饮食民俗。

◉ 苏南饮食民俗

　　苏南古为吴地。苏与吴、虞在甲骨文里是相通的，这三字均像鱼，其最初的读音也读"鱼"音。究其源，都与吴地先民饮食有关。吴地包括太湖流域在内的广大地区，鱼是这地区最大宗的土产。渔猎时代，鱼自然成为吴地先民的主要食物，进而成为吴地族群最突出的崇拜物，后来又成为族称、人名，乃至地名、国名。苏州便是最早以"鱼"（吴）来代表自己的族名（古吴族）、国名（吴国）、市名（苏州市）及人称（吴地第一人称代词仍用"吴"音）。由此可知，鱼在吴地先民饮食中的地位。

　　苏南地区大多为水乡泽国，鱼多且佳，人们日常菜肴常有鱼虾，每月都有时令鱼鲜上市，正如当地俗谚所云：

「苏南鱼菜」

正月塘鳢肉头细，

二月桃花桂鱼肥，

三月甲鱼补身体，

四月鲥鱼加葱须，

五月白鱼吃肚鱼，

六月鳊鱼鲜似鸡，

七月鳗鲡酱油闷，

八月鲃鱼只吃肺，

九月鲫鱼要塞肉，

十月草鱼打牙祭，

十一月鲢鱼汤头肥，

十二月青鱼要吃尾。

　　苏南人民吃鱼还有一些传统规矩和忌讳，如在节庆和平时宴请客人，无论是在高级餐馆，还是在家中，也不管筵席菜肴的多少，整个筵席最后一道菜，必是一条整鱼。只要整鱼一上，大家便知菜已上齐，筵席已到尾声，"鱼"意味着筵宴结束，又寓意吃而有余（鱼）。过年时，宴席上全鱼只看不吃，以喻"喜庆有余"；如果是盘鱼块，也不能吃完，以示"年年有余"。

　　过去，苏南一些地区的人民忌吃鱼籽，认为吃了鱼籽人会变笨，吃了鱼脸"无情肉"会"眼空浅"（吝啬）。人们还将鱼头上两根等腰三角形的鱼骨视作"鱼仙人"，常用此来占卦，掷在桌上直立，则表示大吉大利。

　　苏州洞庭山岛宴客时还有一个敬鱼讲究，厨师双手敬鱼时要喊"鱼来了"，首席则起立还礼，回敬说："余（鱼）在府上。"然后厨师把鱼端回厨房后再上桌。全鱼既忌吃，又忌漏桌。吃了意味断交，漏桌则怠慢了客人。如厨师疏忽漏敬了鱼，东家不仅不付工钱，厨师还要赔礼道歉；如敬鱼不漏桌，厨师则可得到一笔颇丰的"喜钱"。

　　苏南人民的饮食十分丰富，讲究一年四季随节令的变化而变化饮食，因而还给人以新鲜感。正月时令食品为春饼。春饼很薄，圆形，馅心有肉及荠菜等。二月卖酒酿，酒酿用糯米酿制，色浅碧。三月食"眼亮糕"、荠菜团、青团，煨熟藕，饮雨前茶。四月有新鲜蚕豆上市，人们爱做"兰花豆"。五月除食粽外，多食黄鱼。六月啖糕与白汤面。七月各茶馆以金银花、白菊花点汤，谓之"双花茶"，极受欢迎。八月菱角、芡实、桂花、鲃鱼上市。九月秋菊盛开时，正是食蟹的好时光，鲈鱼莼菜羹也是此时的时令菜。十月做腌菜、酿酒，各种小吃上市。十一月食金团，即南瓜团子，以及麦芽糖等。十二月食腊八粥。

　　自古以来，苏南人民就注重岁时食俗，因而在苏南民间就流传着许多有关岁时食俗的谚语，如《十二月时令歌》云：

正月一日吃圆子，

二月里放鸢子，

三月清明买青团子，

四月里蚕宝宝上山做茧子，

五月端午吃粽子，

六月里摇扇子，

七月上帐子，蒲扇拍蚊子，

八月中秋炒南瓜子勒西瓜子，

九月里打梧桐子，

十月朝就剥橘子，

十一月踢毽子，

十二月年底搓圆子。

还有一首《十二月风俗歌》，也很有意思，兹录如下：

正月半，闹元宵，

二月二吃撑腰糕。

三月三，祖师苞，

四月十四白相神仙庙，

五月端午粽子箬叶包，

六月里，大红西瓜颜色俏，

七月七，露仔鸳鸯水来乞巧，

八月半，白果栗子一道炒，

九月九吃重阳糕，

要想看会等十月朝，

十一月里香花飘，

十二月廿四饴糖送灶糖元宝。

这两首俗谚歌，就像一幅生动的苏南人民的岁时节令食俗图，将一年内的主要节令食俗品种简明扼要的表现出来了。

「苏南民间风味」

1997 年，苏州博物馆里有一份苏式糕点上市图，与上面两首俗谚歌在表现苏南人民岁时食俗方面有异曲同工之妙，兹录如下：

苏式糕点上市落令时限（所有时限均为农历）

季 节	名 称	品 种	上市时限	落令时限	备 注
春	春饼	酒酿饼	正月初五	三月底	
		雪饼	二月初一	三月二十日	
		闵饼	清明前三天	立夏	
夏	夏糕	绿豆糕	四月初十	七月二十日	现供应时限不足
		薄荷糕	五月初一	六月底	现时限延长
		五色大方糕	五月端午前	夏至	现已成为常年品种
秋	秋酥	酥皮荤月饼	八月初八	九月初十	现上市早落令迟
		酥皮素月饼	八月初十	九月初	现上市早落令迟
		巧酥	七月初一	七月底	
冬	冬糖	黑切糖	八月二十	明年三月十五	冬糖一般均是今冬吃到来年初春
		寸金糖	立冬	明年正月底	
		芝麻交切片糖	立冬	明年二月底	

● 苏北饮食民俗

苏北饮食民俗，大致可分为两个类型：一是扬州，二是徐州。

扬州地区人民的主食为稻米，杂粮较少，一日三餐以米粉和稀饭为主。

徐州地区人民的主食为小麦（面粉），还有一些杂粮，一日三餐多为馒头、馄饨、饺子、煎饼等。徐州的煎饼，以面调稀糊，在烧热的鏊子上摊成薄饼，烙好后随时可食，一般是卷上大葱或蘸辣酱食用，很有咬劲。

扬州民俗有"早上皮包水，晚上水包皮"之说。皮即肚皮，皮包水，即吃茶。水包皮，即洗澡。扬州吃茶的风俗起于何时，已不可考，但在明清时，扬州的茶馆已是很多了，郑板桥还曾为茶馆题联："从来名士能品水，自古高僧爱斗茶。"

人们在茶馆吃茶，"饮"与"食"是并重的。扬州茶馆一般都备有干丝、肴蹄、点心等茶食。干丝为豆制品，极讲刀法，细如丝，匀如发，鲜嫩爽口。肴蹄制法来自镇江，色泽红艳。点心讲究发酵，清鲜香醇，突出主料。其中，又以三丁大包、千层油糕、翡翠烧卖称为"三绝"；以富春三丁包、冶春蒸饺、共和春饺面称为"三特"。

扬州茶食选料讲究，造型小巧，内馅各异，自成体系，为中国茶食九大帮式之一。常年有"小八件"，即：太师饼、眉公饼、小佛水、小苹果、一条线、菊花饼、黑麻、白麻。应时品种又有春饼、夏糕、秋果、冬糖之说，如春有酒酿饼、杏仁酥、桃酥，夏有

「寸金糖」

潮糕、水发糕、绿豆糕，秋有麻果、巧果、月饼，冬有焦切糖、花生糖、寸金糖，这些称为"四时茶食"。

扬州人还有"吃下午"之说，这是别处不常见的，即在下午三四点钟，午饭与晚饭之间，加一顿点心，谓之"吃下午"。"吃下午"多在茶馆吃点心品茶，有些人也买点心回家食用。"下午"的点心大多与早茶点心不重样，粗细均有，荤素齐全，较特殊的有饺与面混煮、糍粑、油饺等。

苏北人民的岁时食俗也非常丰富，以下按节日顺序略作介绍：

春节，苏北人民过春节，年三十晚守岁要吃芋头，喻意吃了芋头，一年之中多遇好事。春节食品主要有饺子、油炸丸子、糕品等，这都少不了。拜年时，主人递上一段糕，谓之高升；抓些花生，谓之"长生不老"。

元宵节，俗谚说"小灯圆子落灯面"，十五上灯食元宵，十八落灯食面条。

二月二，为接女归省日，俗谚说："巴巴掌，打到二月二；挑糕儿，搓饼儿；家家户户待女儿。"

徐州地区此日喜食"糖蛋"，即用米粉做成丸子，滚上糖烹熟。

立夏，苏北人民立夏有尝八新的习俗，即樱桃、笋、茶、蚕豆、扬花萝卜、鲥鱼、黄鱼。

「和 菜」

端午，端午节除了吃粽子外，南通人此日中午吃"和菜"。据说，明朝时，人们备好菜蔬准备过端午，结果恰逢倭寇来犯，当地人民纷纷离家暂避。待倭寇一走，人们返家，将各种菜放在一起混和煮制，以解饥饿。混煮后，味道极佳。从此便年年端午做"和菜"。现在所用原料为粉皮、韭菜、豆芽菜、绞瓜丝（或笋丝）、肉丝、蛋皮丝、虾仁等，原料寻常，花钱不多，却十分可口。

中秋节，苏北此节食俗与各地区别不大，扬州月饼制作十分精巧，颇有名气。

重阳节，家家吃糕（高），过去茶食铺常供应一种特制的米粉糖糕，糕形方正小巧，上染红点，叫作重阳糕。

冬至，苏北有"冬至大如年"的说法，各家此日常设宴席欢聚，扬州童谣说："冬至大如年，家家吃汤圆。"

冬至一过，家家开始置备年货，如腌肉、制风鸡等。

腊八，苏北此日家家食腊八粥，有竹枝词说"扬州好，腊八粥真佳。托钵尼僧，群募化，调饧巧妇善安排，枣栗称清斋。"

苏北人民的岁时食俗，主要有以上几点表现形式。除此以外，苏北人民在社交礼仪食俗、婚姻食俗、生育食俗、寿诞食俗、丧葬食俗、信仰食俗等方面也有一些特色。但总体来看，与苏南乃至长江中下游一带的民俗相差不是太大。

┃东西交融的上海饮食文化┃

　　上海是古老的，又是年轻的，从远古的吴越文化前哨，中世纪的江海通津，近代的十里洋场，直到今天的全国经济中心，使得它在饮食上最终形成了东西交融、南北互补、精华荟萃的海派饮食特色。

上海位于长江南岸的河口三角洲上，东濒长江口，南与浙江省接壤，西和北连着江苏省，是中国最大的城市。

上海是古老的，又是年轻的，从远古的吴越文化前哨，中世纪的江海通津，近代的十里洋场，直到今天的全国经济中心，人们为它贡献出智慧和力量，历史一层又一层地给它抹上各样色彩，使得它在饮食上最终形成了东西交融、南北互补、精华荟萃的海派饮食特色，这也是它独具魅力之所在。而所谓海派文化，是近代学人对上海近代文化所作的概括。"海"是襟怀宽阔、包罗万象的意思，用以形容近代上海文化倒也十分贴切。就饮食风味而言，近代上海不仅具有全国各地风味餐馆，而且西式餐馆也是全国最多的，再加上由此派出的中西合璧之风味，真可谓是丰富多彩、琳琅满目，堪称中西饮食文化的博览馆。

上海饮食文化探源

上海虽然建治较晚，元代至元二十九年（公元1292年）始建上海县，但据考古发现，上海的历史是极为悠久的，发现了不少新石器时代的遗址。从文化渊源来看，上海地区的考古发现分属于马家浜文化、崧泽文化、良渚文化，它们都是吴越文化的源头。从上海的人员构成看，上海原来只是一个小渔村，至元代发展为30万人的小县城。虽然缺乏其人员来源的原始记载，但可以想象他们大多来自其附近的浙江、江苏，职业以渔民为多。

上海话属吴语，与浙江省大部分、江苏省东南部分同属吴语方言区。因此，上海的文化是吴越文化的有机组成部分，上海民俗也就必然要打上吴越文化的烙印。

上海简称为"沪"，这是人所共知的，但是这个"沪"的历史，却不一定人人皆知了。"沪"名早于"上海"之称，大约在距今1600年前，吴淞江下游及其入海口之处，已被命名为"沪渎"。但沪渎发展成为海上贸易港口,那还是唐代以后的事。唐中期,沪渎沿海城镇之间,商业交往逐渐频繁,沪渎西口上的青龙镇,就是一个海商凑集的地方。宋代的青龙镇盛极一时,曾有"市廛杂夷夏之人,宝货当东西之物"的景象。但到南宋中期,因海口东移,松江湮塞,船舶来往少了,海口贸易港的地位因而让给了东境的上海。据嘉庆年间《上海县志》载:"宋初诸番市舶直达青龙江镇,后江流渐隘,市舶在今县治处登岸,故称上海。"这段记载说明了沪渎的兴衰和上海得名的由来。

上海县建立后,经济发展很快。上海地区历来有"江南赋税甲天下,苏松赋税甲江南"的说法。由于经济发展得很快,因而饮食市场十分繁荣,茶楼酒肆,鳞次栉比。虽然史书中对这些酒楼所经营制作的菜肴没有明确的记载,但从世居松江的宋诩在明代弘治十七年(公元 1504 年)写成的《宋氏养生部》一书中,记述了当时松江及上海地区的菜点,其中有酱烧猪(红烧肉)、暴腌猪(干切咸肉)、油爆猪(炒肉片、炒肉丝)、粉蒸猪(粉蒸肉)、糟鸡、烧鸭、烹河豚、油炸虾、油炒蟹、糊膳、田鸡、汤川桂鱼、炒螺狮等。这些菜烹制方便简单,属于乡土风味浓厚的家庭菜式。

清代时,上海已成为一个中等城市,有 70 余万人口,十六铺附近是当时上海最热闹的地方,茶馆酒楼林立,清嘉庆年间施润作诗云:

> 一城烟火半东南,
>
> 粉壁红楼树色参,
>
> 美酒羹肴常夜五,
>
> 华灯歌舞最春三。

上海南江人杨光辅在嘉庆年间写的《淞南乐府》中,还赞美了上海饮食酒楼中所经营的菜点:

> 淞南好,
>
> 风味旧曾谙,
>
> 羊胛开尊朝戴九,
>
> 豚蹄登席夜徐三,
>
> 食品最江南。

杨光辅还为此作注说,"羊肆向惟白煮,戴九创为小炒,近更以糟者为佳。徐三善煮梅霜猪脚。迩年肆中以钵贮糟,入此猪耳、脑、肝、肺、肠、胃等曰'糟钵头'，邑人咸称美味"。

清代同治年间，有一个姓张的师傅在老城隍庙开设了一家名为"荣顺馆"的夫妻店，制作的"糟钵头"等上海菜十分有名。由于这家酒店附近多为劳苦大众，这些人饭量大、收入低，因此吃"粗鱼大肉，浓油赤酱"最感经济实惠，最合他们胃口。久而久之，这就成了上海本地菜的特点。

「扣三丝」

诸如糟钵头、肉丝黄豆汤、扣三丝（火腿丝、鸡丝、笋丝）、鸡骨酱、青鱼秃肺等都可称得上是上海本地菜的名作。后来这家老店又吸引了各地菜肴的长处，逐渐趋向精细，这也适应了上海工商市民的口味。这家老店有个不成文的 16 字方针，就是"刀工考究，选料精细，讲究质量，注重节令"。如今这家百年老店已改名为"上海老饭店"，位于上海南市区福佑路丽水路口，专营上海风味菜，并不断在改进。如糟钵头因胆固醇高，已被淘汰；而浓油赤酱也不太适合现代市民的口味，经过改进，变得清淡不油了。

从这些史料中可以看出，上海本帮菜已具雏形，所谓本帮菜，即本地菜。上海菜就是源于本帮菜，并随着这一地区的经济发展而发展，随着这一地区的经济繁荣而繁荣。

公元 1843 年 11 月 17 日，是上海人难忘的日子。这一天，根据中英《南京条约》的有关规定，上海作为五个口岸之一被迫正式开埠通商。随之而来的是一艘艘来自欧美的商船和一批批洋货，带来了异于东方而代表世界潮流的西方资本主义文明。这一切随着这个海滨城市的开埠而渐渐涌进长江之口，并向长江中上游地区传播开去。

上海是西方侵略中国的最大基地，也是传播西方文明的最大窗口。因此，它受西方文化的冲击最大、影响最深，并且产生了风格独特的海派文化，以作为对西方文化的回应。

正是在这种大的文化背景下，海派饮食文化也渐渐地生长、发育、成熟起来，并形成了适应性广、制作精细、中西合璧等海派特色。

近代上海饮食文化

　　文化，作为人们生活的事象，无疑具有非常鲜明的时空特点，它是具体地域的、特定人群的和有限历史的。饮食文化作为人类或民族文化的实在范畴，它同样也具有文化的上述一般属性。饮食文化永远是活动的，有时还可能是活跃的，它不是封闭的。随着生产的发展、商业的兴旺和人们时尚的变化，又总是处于更易变化的流动状态。近代中国上海餐饮文化的存在与发展恰好生动地体现了上述一系列原则性特征。这里，需要首先说明的一点是，文中所指的"近代"，是相对于欧式餐饮文化大力度渗透中国大陆前的传统饮食文化封建制时代，其下限大约是20世纪中叶，也就是1840—1949年这样一个历史时期。

⦿ 中国饮食文化近代演变的历史缩影

　　可以毫不夸张地说，上海是中国饮食文化近代演变与中国烹调技艺风格近代发展的缩影。中国经济、文化的历史发展，至迟到隋唐时期便开始形成东南沿海地区偏重的态势，而后东西分野与两极分化渐趋明显。伴随这一历史过程的是北起京师至杭州一线城市群的兴起与逐渐繁荣。明清两代，自京津至闽广的东部狭长地带，更为国家财富之赖，人口大半麇集，海外贸易与国内商业活跃，城镇饮食业的兴旺与市民饮食生活的丰富同步发展，都埠城邑饮食文化集中反映历史进步，尤具典型的时代色彩。

　　如果说，舍去长安、洛阳就会形成两汉饮食文明的巨大空洞，没有开封、杭州便根本失去两宋饮食文化历史光彩的话，那么，不深入研究并客观、全面展示上海饮食文化的历史，那就不仅无法认识上海这个世界大都会的历史及其准确的文化事象与深刻的结构与思想，同时无法全面、准确和科学地认识中国饮食文化与中国烹调技艺的近代与现代的发展，更难以把握其内在的机制与规律。

如同植物界中没有瓣肉便无所谓橘柚一样，在人类文明史上，如果没有中心城市的存在和作用，便无从谈起人类自己的文化发展与成就。这一点，在人类文化的繁荣发展与文明的高层次创造上尤其如此。如果说，一个民族饮食文化的发生、存在、演变、发展是与该民族历史的生产、科技、商业、经济、文化、政治等诸多因素紧密相关的话，那么，在漫长的史前及中世纪时期，便只能有与之相适应的原始的、初级的、粗糙的、只能是与手工和分散的田园自然经济模式及生活方式相一致的风格与水平。中国近代饮食文化，是不能忽略京、津、宁、苏、沪、杭、汉、广等中心大城市的，而在所有这些中心城市之中，最具代表性，且居牵一发而动全身之地位的，则舍上海而无其他。

中国近代饮食文化及烹调技艺风格的存在与演变，可以概括为以下一些基本特点：

首先，处于中国饮食史鼎盛期末造就的民族饮食文化，是在历史文化积淀的深厚根基和崇高台地上充分展开的。

其次，随着整个社会经济的极端不平衡和贫富分化的加剧，城乡与贵贱等级之间的食文化分野更加明显。一方面是广大下层民众长期食不果腹的生活基准所决定的文化风格的粗陋原始，另一方面则是有权、有钱、有闲少数食者群的美味佳肴、驰纵口腹。于是便造成了在西方人眼中的"饿乡"或"饥饿的国度"的国家与民族形象（就占民族大众80%以上的劳苦民众的食生活状态来说并不过分），而同时又存在权贵富有之家及以他们为主要服务对象的高级酒楼饭庄，肴馔制品的精美丰富和烹调技艺的进步。

第三，随着公元1840年以后清帝国国门对西方列强的洞开，西方的饮食文化也以前所未有的速度与规模如潮而至。伴随着中国人对西方在军事和政治上的抗衡意志因鸦片战争及其以后的接踵辱败，以及随之联翩而至的城下盟约而畏怯崩解的过程，中国人对西方文化的那种传统的华夷之见与排斥心理也发生了根本性的转变。在强权就是真理，中国凡事只能受辱屈从的政治前提下，非和平方式和不平等心态下的文化交流，主要表现为败弱者一方对强胜者一方文化的充分揖让。然而，饮食文化却因其天然的中性立场和食物的为任何人可用的泛人类属性，并不因其持来者的强蛮变得可恶和不受欢迎。简言之，近代100年的中国饮食文化，恰是中西方食文化交流的又一个历史性新阶段，并且是以东方充分接纳西方为基本态势的交流。

第四，在中西方两种食文化的接触碰撞中，中国传统的食观念、食习惯、食风格受到了西方以近代科学为标志的营养理论与文明观念的挑战。中国传统饮食文化开始了深刻反省和扬弃整合的新时代，这一时代迄今仍在继续。

所有以上的诸多特点，都在上海这个应时代之运而崛起的近代都会得到了集中体现。上海餐饮市场企业数量之多、密度之大、消费层次之高，是近代中国首屈一指的。这里有来自全国各地的各种不同身份的高消费者，因之也汇集了同样来自

「上海老正兴餐馆」

全国各地餐饮企业经营者和持艺谋生的厨师。这里同时也曾因租界的庞大而聚集了无数洋人，使上海成为近代中国中西食文化的集中地，成了西方食文化大潮向中国奔涌的入口。这种奔涌并非简单的位移或原样照搬，而是被中国食文化的巨大包容力转化成东方、中国或直称"上海式"的"番菜"——中国化了的洋餐。

◉ 上海近代食文化的特征

1. 名店荟萃，客食万方

清末以来，记载上海风物掌故的著作可谓极多。下引一则可为上海清末民初时期食肆风情一斑：

> 方国通商上海城，洋场店铺密如林。
> 苏杭胜地从来说，比较苏杭更胜几分。
> 市肆繁华矜富丽，中西食品尽知名。
> 蔬菜第一抬头馆，烧鸭争传老复新。

新旧太和分两字，聚丰园店主是宁人。
东西最好推鸿运，徽面三鲜吃聚宾。
聚乐鼎新兼其萃，醉白园开在小东门。
要尝异味餐番菜，一品香新番食谱精。
四海吉祥春两处，万长春与一家春。
德元馆、老春申，价格便宜都是乡下人。
三阳楼本是回回教，嫩鸡嫩鸭免猪荤。
若论饭店无佳味，只有后马路升阳馆最出名。
紧酵馒头鸡肉饺，汤团毕竟四如春。
进呈官礼求茶食，只有石路仁和王姓人。
造饽饽称第一，野荸荠也冒古吴人。
浦五房酱鸭猪蹄子，五味精烧火候深。
陆稿荐冒名开几处，不知谁假与谁真。
消夜馆，广东人，起首当初老万兴。
杏花楼与奇珍馆，贵贱悬殊价不平。
食馆谈完谈酒馆，宝和三镒老东明。
全泰昌开后开同茂，言茂源专沽好绍兴。
同宝泰花雕滋味厚，开坛香溢十年陈。
大同只酿梨花白，恒裕京庄胜别人。
茶馆几家生意好，青莲花萼与升平。
五层楼杰阁临无地，第一楼频频被火焚。
老馆同芳称粤式，进呈糖果与莲羹。
日新街南首天津馆，雅叙何曾有雅人。
紫阳观、郡万生，糟鱼糟蛋醋瓜丁。
初冬醉蟹多滋味，小菜年年贡帝京。
宝树胡同花酒好，谢娘烹炙十分精。
香蕉鲜荔菠萝蜜，有了轮船物更新。
福建帮中干炒面，八份起码野鸡羹。
洋场食品罗搜遍，只苦持斋吃素人。
素菜之中荤味杂，若须净素要进城。

花天酒地银钱易，可知耕地乡民咬菜根？

日用艰难须节俭，何妨施济众人贫，

莫学口腹区区滥小人。

上述引文，只是略微开列出半百之数的贵店名馆。这些著名的店馆是位于"洋场"——租界区中的一批餐饮市肆，它们是应《中英江宁条约》中的开埠要求，为跨海而来的各色洋人及云集于此的诸类"高等"华人的高层次需求而竞相开设的。

「上海老字号杏花楼」

据统计，公元 1865 至 1935 年，仅在英美租界中，人口构成如同下表：

年　份	华　人	外　侨	总　计
1865	90587	2297	92884
1870	75047	1666	76713
1876	95662	1673	97335
1880	107813	2197	110010
1885	125665	3673	129338
1890	168129	3521	171950
1895	240995	4684	245679
1900	345276	6774	352050
1905	452716	11497	464213
1910	488005	13536	501541
1915	620401	18519	638920
1920	759839	23307	787146
1925	810279	29947	840226
1930	971397	36471	1007868
1935	1120860	38915	1159775

这个表的数据可能不一定准确，但至少反映出外侨大量增加这一事实。外侨增加必然促使一些高级饭店的产生，如论域味帮风，则宁、徽、苏、越、粤、闽、京、津等无不毕俱，而且外带回教清真、"异味番菜"洋风；若列名品，则酒有上好绍兴、花雕、梨花白，肴佐肥嫩禽畜、五味酱烧、糟醉鲜美、应时菜蔬，精好糖果莲羹，远致蕉荔菠萝等。"一席兼中外，四壁悬丹青。南筵炙双脆，北菜炒四丁。有姆战之聒耳，无醉汉之忘形。地火光照耀，妓女步娉婷。"是时人对名店泰和酒馆的评语，其实恰为诸店一般写照。沪上的这种店肆林总、经营统计，既往的工商核记、档案文录及文人笔记等公私史乘均有详备文籍可资按察。此外，大量文学作品也为我们留下了堪为史证的记录，其中《九尾龟》《海上花列传》等旨在针砭时弊、鞭挞黑暗社会小说足称代表。

2.满汉全席，极尽奢华

被许多烹饪研究者视为家珍，奉为"中国烹饪之最"的"满汉全席"，就曾很靡行于昔日上海。目前研究者所见到的有关"满汉全席"最早的资料，就是光绪十八年（公元1892年）刊于上海的《海上奇书》（九至十期）上的。那有钱有势的权贵，以及服务于他们的以千计数的"清校书""红倌人""中饭吃大菜，夜饭满汉全席"已是习常之事。文中的"大菜"亦即高档西餐宴席，一天两次盛筵，中西宴事均极其张扬豪侈。值得注意的是，这类十分豪奢铺张的"满汉全席"或"大菜"往往是在高等青楼的"书寓"烹制或备办的，上述引文中的"宝树胡同花酒好，谢娘烹炙十分精"是一证。《海上花列传》中，"满汉全席"开在书寓特备的可以边演堂会边吃的大菜间一段文字亦是一证。上海烟花丛中艳帜最张的"四大金刚"林（黛玉）、陆（兰芬）、金（小宝）、张（书玉）的书寓均有名庖主理院厨。而张书玉书寓"庖人善烹调，为他院所不逮，器皿纯用白磁，尤为雅洁，以故客人昵之者颇众"。"统申江而论，隶乐籍者凡三千余人，万紫千红，讵能遍阅"，"合沪上长三书寓，统计可得数百家，以极少数计之，可得二三千人"。"海上妓院，每逢节边，厨司必治肴六箧，以送倌人。倌人转邀狎客，客既吃之后，需花费番饼六枚，谓之'吃司菜'"。六品菜照例是鱼翅、鸭子、鱼等名贵大件。由此亦可想见"院厨"阵容之盛。当然,青楼制排"满汉全席"不独上海一处为然,其时各大名区的青楼楚馆率皆如此。清末著名"谴责小说"《官场现形记》中记载某正二品轶的统领一应"老爷""大人"为"一来应酬相好,二来谢媒人,三来请朋友",在南京秦淮河妓舫——一艘"洋派船"上摆"满汉全席"的故事可证。关于高等青楼在中国历史上引导社会餐饮风尚、推动烹调技艺发展的特别作用,笔者曾有文论及,此不更赘述。

当然,"满汉全席"既是有消费能力者们所追求的,那就不仅限于青楼这种酒色兼行的场所。"光绪中叶,有人在南京路泥城桥西首金隆饭店隔壁,设一棠阴别墅,为同志游宴之所,并以所有余屋供来往官商租住。除备寻常饭菜外,另备各国番菜、西式点心、满汉全席,烹饪清洁,价值公道,应酬亦颇周到。并自备绿呢蓝呢大轿、轿式皮蓬马车、时式东洋包车,可以任客唤用。"这种集各式名厨,可以应客人各种需要的特别餐饮场所,例设在租界内,谓之"总会"。持资者向捕房领取执照即可经营。需要指出的是本文这里所引用资料中的两处"满汉酒席"均是"满汉全席",而非该种筵式的其他形态或模式。这种"总会"显然是别具风格的高档美食之区。同时还应上层社会之需,"兼有自制陈公清膏、云南清膏、零趸批发",于是"一时群贤毕集"。这种"总会",多为"广帮中人"经营,有"不下数十处"之多。

3. 各国番菜,融为沪帮

上海诸多名馆与高等食府在排办"各国番菜"时,若只是全然据守餐饮业习惯标榜的所谓"道道地地"的"正宗",或者只是洋人社会圈内"自家"移来的西餐,那么,这种移民式或侨郡式的文化还是难以扎根的,更谈不上是两种文化的成功交流。而历史事实则恰恰相反,作为中西食文化接触与交流的前沿,上海极成功地体现了中华食文化巨大的包容性。适应时代文化走向的大势与区域餐饮市场的需求,上海面对西方食文化表现出了充分的积极姿态,顺应时势,扬长避短,优化组合,努力发挥中国传统烹调长处,以自己特殊的创造力,使上海这座中国近代美食首区,艳放"各国番菜"之花。

「上海最老的西餐馆"德大"公元 1897 年开业时的样子」

上海最老的西餐馆"德大"于公元 1897 年开业，曾历其事者将昔日西餐店中部分番菜馆的食单品目略作书录，为后人留下了管中豹斑：

汤：鱼翅汤、鲍鱼汤、鱼片汤、鸽蛋汤、甲鱼汤、鸡粥汤、鸡片汤、鸡丝汤、鸡茸汤、米仁汤、元蛤汤、青豆汤、磨菇汤、黄豆汤、素菜汤、番菇汤、葱头汤、粉丝汤、牛尾汤、椰菜汤、杏仁茶、牛茶。

鱼虾蟹：烙鲥鱼、炸板鱼、卷筒鱼、炸叉鱼、烟熏鱼、炸鱼饼、烩叉鱼、炸银鱼、咖喱鱼、生菜鱼、清蒸鲥鱼、白汁芦鱼、炸青川鱼、红烩桂鱼、巧打鱼处、鱼饼、油炸板鱼、明虾、青蟹。

牛肉：烧牛肉、烩牛尾、烧牛心、烩牛脚、咸牛肉、牛排、白烩牛肚、煎牛肉圆、吉力牛肉、烩牛肉、名子牛肉、卷筒牛肉、川表牛肉、炒牛肉丝、铁扒牛肉、番茄烩牛肉、台卜罗牛肉、通心粉烩牛肉、台卜罗肺烩牛肉。

羊肉：烧羊腿、羊扒、烩羊腿、烩羊肉、煎羊腰、羊肉龟、冻羊肉、煎羊肝、明子羊肉、吉力羊肉、酒烩羊头、椰菜烩羊肉、煎羊脑、卷筒羊肉、台卜罗羊肉。

猪肉：烧猪仔、煎猪扒、烩猪扒、法猪扒、菜包猪扒、吉力猪扒、番茄烩猪扒、纸包猪扒、咖喱猪肉圆、椰菜烩猪片、甜酸猪脚、白烩猪肚、洋葱酿猪肉、咸猪肉腿。

鸡：烧火鸡、台卜罗火鸡、铁扒鸡、吉力鸡、卷筒鸡、咖喱鸡、川表鸡、鸡肉龟仔、火腿酿鸡胸、菜烩鸡、蘑菇鸡、卷筒冻鸡、油炸鸡、番茄烩鸡、嫩鸡龟、鸡肉各六吉、炸法兰西鸡、通心粉烩鸡。

鸭：红酒烩鸭、冬菇烩鸭、洋葱烩鸭、蘑菇鸭龟。

野味：炸竹鸡、炸鹌鹑、烩兔子、烧野白鸽、明子山鸡、烧野鹅、铁扒水鸡、獐扒、烩獐肉、烧山鸡、酿鹌鹑、水烩水鸭。

来路：通心粉雀肉、菜底雀肉、沙生治、来路火腿鸡、英国火腿、路笋。

生菜：生菜鸡丝、生菜虾仁、生菜牛肉丝、生菜鱼柳。

饭：咖喱鸡饭、咖喱鱼饭、火腿鸡饭、冬菇鸭饭、咖喱鸡肫肝饭、虾仁蛋炒饭、咖喱猪肉饭、波罗鸡饭、腊肠饭。

粥：鸡茸粥、西米粥、火腿鸡粥、冬菇粥、鱼片粥、鸡粥、鸭粥。

布丁：杏仁布丁、糯西米布丁、全姆卷筒布丁、卜市布丁、糖果布丁、猪肉布丁、吐司布丁、饭布丁、蛋糕布丁、夹西布丁、苹果布丁、香蕉布丁、奶油布丁、科果布丁、枣子布丁、洛格布丁。

攀：全姆攀、生梨攀、苹果攀、西瓜攀、生米攀。又有香蕉夹饼、健姆等。

饮料：杨梅酒、香槟啤酒、红果子酒、薄荷酒、绍兴酒、咖啡。

细按上列"各国番菜名目"，凡对中国近代烹调、食单作过研究者，大概不难产生似曾相识的感觉。绝大部分肴馔原料系中华地产，许多膳品不过是中国传统菜式的略作变通——风味调料、原料配伍、技法调度、称谓更易等，而有些则无异是一仍故旧。不难想象，若是一位欧洲来客，在看了上述食单并逐一品尝了这些"各国番菜"的话，一定会像中国今天许多烹饪研究者那样大叫"不正宗"了！然而，不同风格或类型间的文化交流，其结果便自然是彼此的不正宗，这是文化传承的必然规律，也是上海的聪明和成功之处。

◉ 启示与思考

上海是近代崛起的城市，它兴起的历史背景与发达的时代原因是众所周知的。作为中国经济与西方的交汇地，或者说中国财富的汇聚地，这里无凝是中国最大的金融中心和最为富庶的都会。而麇集于上海的中外各类高层次消费者的需求，恰是引导或刺激上海饮食文化中西融汇和餐馆业兴旺、烹调技艺发展的最大原动力。上海曾经是个殖民地、半殖民地、半封建、半资本主义的世界，是买办资本、官僚资本、商业资本和高利贷资本集结的金融王国。但上海的食文化却以其独特的生命力，依照食文化自身的规律运行发展。中国食文化的博大包容力量和中国烹调的特异魅力，不仅使中国传统烹调技艺和文化在上海这块饮食文化的自由乐园得以淋漓尽致地发挥和充分发展，而且成功地实现了在国家政治和民族文化对比劣势的态势下对西方食文化的消化吸收，创造了继饮食文化中外交流史上长安、洛阳、扬州、开封、杭州、北京等开放大都埠的无数辉煌之后的又一个出色的范例。

当自卑感和虚无主义因国家政治的极度腐败、软弱无能和民族命运的任人宰割、危如累卵而黑云笼罩整个民族的时候，中国食文化在上海这块中西两种文化激烈冲突的战场上，却没有失去民族文化的自我。相反，却集中优势兵力（名厨荟萃、万物来集、美食家和饕餮者毕至），以图存的心态，务实的精神，更加上十二分的努力，不仅使民族食文化能够如昔生存，更使传统烹调技艺得以发扬光大，甚至还融化西方，创造出中国式，更确切说是上海式的"各国番菜"，使西餐结奇葩，中国烹调放异彩。

西方人对中餐感兴趣，中国人亦未尝不对西餐钟情，"一品香之番菜，聚丰楼之酒局，为大少宴客之地也"。新潮"大少"如此，名流遗老亦不乏其人，王紫诠（号"天南遁叟"）"未逝世时，常存洋一百元在万家春番菜馆，时约友朋大餐，并召名校书数人，赌酒征歌，颇极一时之盛"。引文中的"聚丰楼""一品香"堪称上海食林中的中餐、西餐两大翘楚，如"海昌太憨生"《淞滨竹枝词》所云："园号聚丰更复新，菜罗海味并山珍。一筵不吝中人产，暮暮朝朝买酒频。番菜争推一品香，西洋风味赌先尝。刀叉耀眼杯盘洁，我爱香槟酒一觞。"又"白云词人"《上海黄莺儿词》唱道："大菜仿西洋，最驰名，一品香，刀叉件件如霜亮。楼房透凉，杯盘透光，洋花洋果都新样。吃完场，咖啡一盏，灌入九回肠。"中式盛筵、外洋大菜，固然皇赫，而为追求声名风誉、仪仗排场者必取。而传统名食、风味小吃亦为贵贱所皆好："四马路四如春点心店内油煎馒头，最为驰名，以肉皮浆抹入馅中，至煎熟，其汤融融然。食时必须先以口徐吮之，其汤始不下坠。"

当两种文化交融时，就犹鄱阳湖口的江水与湖水交汇，初则色势分明，继则彼此难分。当中国人（至少是中上层社会或有消费能力及嗜欲者）为骛新之心驱赴番菜馆时，洋人倾倒中餐则早已成习。他们之中先至者浸淫淘淘，乐不思蜀；后来者更以先闻道者为师，谦而恭之，务求中餐品味礼数妙谛为意："某西人来华十余年，熟悉中土情形，能华言，通文墨，于天文、地理、一切学问无所不晓，该国群以才子日之。一日有友人招饮，山珍海味，水陆纷陈，诚盛会也。"盛筵之上，自当是中西合璧，华韵汉味更领风骚。当然，这种情况既不限于西洋人和他们的私宴场合，也不排除本来久受中华文化雨露膏泽却又在那个时代以极鄙视中华自居的东洋人的官方之会。1932 年"一二八"事变之后，日本侵略者迎来了国联调查团。在日本公使为国联调查团所设的洗尘宴上，开出了下列菜单：串珠鸡蛋、杯装双料浓汤、片状金、烤嫩比目鱼、爆炒里脊丝、烩土豆片、香辛小豌豆、沙司冷拌芦笋、香味小火鸡、高卢生菜、卡泰冰肉酱、各色水果、现滤咖啡。

矫作的日本人在讨好欧洲又要淡化中国人在欧洲人心目中的地位与形象的用心下，自然不会去宣传中国食文化，因而他们开列给国联代表团成员宴会的"菜单"要尽可能"欧洲化"。然而，我们仍能看出"爆炒里脊丝"等华风的存在。当然就更不必说其原料等的中华本土性了。

中国茶在欧洲普及，自然要功归英国人，而英国也的确是欧洲饮茶的民族。大概正因为如此，在被征服的中国，在国中之国的上海英租界中，中国本土之风的地道中国茶文化似乎更使包括英国人在内的洋人们垂青："英租界茶楼最多，其中之甚著者，如四海升平楼、凤来楼、引凤楼、三元同庆楼、百花楼、沪江第一楼、青莲阁、风月楼、长春楼、得意楼、五层楼、鹏飞白云楼、玉壶春、一洞天、碧露春、乐也楼、龙泉楼等。"这些自然是沪上林立棋布诸式茶馆中的最卓著者，于是"观乐词人"集诸名楼牌号雅合《鹧鸪天》词一首："四海升平引凤来，三元同庆百花开。沪江第一青莲阁，风月长春得意回。金凤阙，玉龙台，五层楼峙白云限。玉壶春向洞天买，碧露龙泉乐也该。"

今天，在近代餐饮的灯红酒绿、繁华历史早已翻过之后，上海又曾经历半个世纪的岁月。在大众餐饮异常兴旺、空前发展的同时，高层餐饮消费在数量、质量两个方面都大大超过往昔，同样是空前的兴盛不衰。

上海，作为中国第一和世界一流大城市的存在，它在中国饮食文化的发展和中国传统烹调技艺的发挥上，仍然居有领时代风气之先和全国餐饮业马首之瞻的地位和作用。充满活力和创造性，应当说是上海餐饮业的突出个性和典型特点。

对于国内来说，犹如百川汇集的长江，最终倾其全部能量于广阔海口。上海食文化荟萃诸帮风韵，兼收并蓄，择精而存，同时使各帮各式的本土文化都经过大浪的淘洗，经受了上海这座中国食文化精善之区市场经济与社会文化的多层次严格挑剔筛选，并且使他们都"青出于蓝而胜于蓝"。对于国外，正如以上所述，它成功地创造了中国饮食史整整一个时代——近代中国食文化史上的中国式或沪式"各国番菜"的历史时期。

而今，经过改革开放以来的短暂时期的洗礼，上海又在历史成功实践的基础上实现观念、理论的历史性突破和飞跃。上海不承认那种封闭院田小农意识和手工作坊小生产者观念的"正宗"行业利益与商业宣传口号。这正是上海近代饮食文化的昨天和它的今天所一再昭示给我们的。

综上所述，在以往数百年里，上海以其"百川归海"的博大胸怀容纳了各国、各地、各帮的佳肴，同时又以极大的可塑性改造了各种佳肴，使其最终形成了独具特色的海派饮食文化。如今的上海菜可谓是清新秀美，温文尔雅，风味多样，富有时代气息。各种风味荟萃，并糅进了上海的风土人情、历史文化，适应不同层次的消费对象。

主要参考文献

一、文献资料

[1] [先秦]屈原等.楚辞.

[2] [先秦]吕不韦等.吕氏春秋.

[3] [西汉]司马迁.史记.

[4] [东汉]班固.汉书.

[5] [东晋]常璩.华阳国志.

[6] [南朝]宗懔.荆楚岁时记.

[7] [唐]杜佑.通典.

[8] [唐]段成式.酉阳杂俎.

[9] [唐]韩鄂.四时纂要校释.

[10] [唐]圆仁.入唐求法巡礼行记.

[11] [南宋]吴自牧.梦粱录.

[12] [南宋]西湖老人.西湖繁胜录.

[13] [南宋]周密.武林旧事.

[14] [元]王祯.东鲁王氏农书译注.

[15] [元]大司农司.元刻农桑辑要校释.

[16] [元]王祯.王祯农书.

[17] [明]徐光启.农政全书.

[18] [明]李时珍.本草纲目.

[19] [明]宋应星.天工开物.

[20] [清]李斗.扬州画舫录.

[21] [清]陈鉴.江南鱼鲜品.

[22] [清]傅崇榘.成都通览.

[23] [清]袁枚.随园食单.

[24] [民国]徐珂.清稗类钞.

二、著作

[1] 万国鼎.五谷史话.北京：中华书局，1961.

[2] 吴贵芳.上海风物志.上海：上海文化出版社，1982.

[3] 邱庞同.古烹饪漫谈.南京：江苏科技出版社，1983.

[4] 张舜徽.中国古代劳动人民创物志.武汉：华中工学院出版社.1984.

[5] 文物编辑委员会编.中国古代窑址调查发掘报告集.北京：文物出版社，1984.

[6] 李璠.中国栽培植物发展史.北京：科学出版社，1984.

[7] 王仁兴.中国饮食谈古.北京：轻工业出版社，1985.

[8] 杨荫深.事物掌故丛谈.上海：上海书店，1986.

[9] 姚伟钧.中国饮食文化探源.南宁：广西人民出版社，1989.

[10] 孙旭华等.四川民俗大观.成都：四川人民出版社，1989.

[11] 林正秋等.中国宋代菜点概述.成都：中国食品出版社，1989.

[12] 林乃桑.中国饮食文化.上海：上海人民出版社，1989.

[13] 张荷.吴越文化.沈阳：辽宁教育出版社，1991.

[14] 袁庭栋.巴蜀文化.沈阳：辽宁教育出版社，1991.

[15] 严昌洪.西俗东渐记.长沙：湖南出版社，1991.

[16] 鲁克才主编.中华民族饮食风俗大观·江苏卷.北京：世界知识出版社.1992.

[17] 中山时子主编.中国饮食文化.北京：中国社会科学出版社，1992.

[18] 周文英等.江西文化.沈阳：辽宁教育出版社，1993.

[19] 高寿山.徽州文化.沈阳：辽宁教育出版社，1993.

[20] 游修龄.稻作史论集.北京：中国农业科技出版社，1993.

[21] 肖志华，严昌洪主编.武汉掌故.武汉：武汉出版社，1994.

[22] 王仁湘.饮食与中国文化.北京：人民出版社，1994.

[23] 宋公文，张君.楚国风俗志.武汉：湖北教育出版社，1995.

[24] 李学勤，徐吉军主编.长江文化史.南昌：江西教育出版社，1995.

[25] 陈广忠.两淮文化.沈阳：辽宁教育出版社，1995.

[26] 李士靖主编.中华食苑（1—10集）.北京：中国社会科学出版社，1996.

[27] 王仁湘主编.中国史前饮食史.青岛：青岛出版社，1997.

[28] 黎虎主编.汉唐饮食文化史.北京：北京师范大学出版社，1998.

图书在版编目（CIP）数据

饮食生活/姚伟钧著．—武汉：长江出版社，
2019.6（2023.1重印）
（长江文明之旅丛书．民俗风情篇）
ISBN 978-7-5492-6509-1

Ⅰ．①饮…　Ⅱ．①姚…　Ⅲ．①长江流域—饮食—
文化　Ⅳ．① TS971.202.5

中国版本图书馆 CIP 数据核字（2019）第 105281 号

项目统筹：张　树
责任编辑：胡紫妍　苏密娅
封面设计：刘斯佳

饮食生活

刘玉堂　王玉德　总主编　姚伟钧　著

出版发行：上海科学技术文献出版社
地　　址：上海市长乐路 746 号　200040
出版发行：长江出版社
地　　址：武汉市解放大道 1863 号　430010
经　　销：各地新华书店
印　　刷：中印南方印刷有限公司
规　　格：710mm×1000mm　1/16
印　　张：9.5
字　　数：129 千字
版　　次：2019 年 6 月第 1 版　2023 年 1 月第 2 次印刷
书　　号：ISBN 978-7-5492-6509-1
定　　价：39.80 元